水电站设备智慧抢修

李林　侯远航　著

中国水利水电出版社
www.waterpub.com.cn
·北京·

内 容 提 要

　　本书针对水电站设备智慧检修问题，在总结国家能源集团大渡河流域水电开发有限公司智慧检修与管理成果的基础上，进一步提炼完成。从检修模式的演变和智慧检修的特征、技术特性、管理模式等方面，揭示了在数字化、网络化、智能化发展趋势下，水电站设备智慧检修建设的必然性，提出了智慧检修理论模型、生态架构以及实现"风险识别自动化、管理决策智能化、纠偏升级自主化"为核心的智慧检修管理模式，并在大渡河流域梯级电站中得到了应用。内容包括智慧检修建设的时代背景、智慧检修的理论探索、智慧检修的技术框架、智慧检修的管理模式以及大渡河流域智慧检修的建设实践。

　　本书可供水电行业智慧检修技术人员和管理人员使用，也可供其他相关专业人员学习参考。

图书在版编目（CIP）数据

　　水电站设备智慧检修 / 李林，侯远航著. -- 北京：
中国水利水电出版社，2022.1
　　ISBN 978-7-5226-0470-1

　　Ⅰ．①水… Ⅱ．①李… ②侯… Ⅲ．①水力发电站－
电气设备－设备检修②水力发电站－电气设备－设备管理
　　Ⅳ．①TV734

中国版本图书馆CIP数据核字(2022)第024603号

书 名	**水电站设备智慧检修** SHUIDIANZHAN SHEBEI ZHIHUI JIANXIU
作 者	李 林　侯远航　著
出版发行	中国水利水电出版社 （北京市海淀区玉渊潭南路 1 号 D 座　100038） 网址：www.waterpub.com.cn E-mail：sales@mwr.gov.cn 电话：(010) 68545888（营销中心）
经 售	北京科水图书销售有限公司 电话：(010) 68545874、63202643 全国各地新华书店和相关出版物销售网点
排 版	中国水利水电出版社微机排版中心
印 刷	北京印匠彩色印刷有限公司
规 格	170mm×240mm　16 开本　11.5 印张　160 千字
版 次	2022 年 1 月第 1 版　2022 年 1 月第 1 次印刷
定 价	**86.00 元**

作者简介

李林，教授级高工，国能大渡河流域水电开发有限公司党委委员、副总经理、智慧企业研发中心副主任、智慧检修首席专家、能源行业水电金属结构及启闭机标准化技术委员会副主任委员，主要从事水电工程、设备检修和科技创新管理工作。先后参加葛洲坝水利枢纽、湖北省清江隔河岩水电站、高坝洲水电站、三峡工程永久船闸项目及压力钢管项目建设工作。2004年调入国能大渡河流域水电开发有限公司工作后，先后参加了瀑布沟、深溪沟、大岗山、猴子岩、沙坪二级等水电站机组安装工作，取得了多项技术突破。获得省部级及知名行业协会科技奖励近20项，组织编制《水电工程金属结构设备状态在线监测系统技术条件》等行业标准7项，出版发表论文10余篇，获得发明专利4项，申请已受理发明专利4项，参与编写并出版（副主编）《智慧企业管理——培训教材》。

作 者 简 介

侯远航，高级工程师，国能大渡河检修安装有限公司党委书记、执行董事、智慧企业研发中心副主任。拥有30多年的水电站设备安装、技术改造和企业管理经验，主持编写了《水电厂检修与维护》等专著文章，其中《水电站智慧检修的探索与实践》被评为第六届电力行业设备管理创新成果一等奖，《水电站设备群健康状态评估及故障智能预测关键技术》获得2019年度国家能源集团科技进步奖一等奖。牵头制定了水电行业首套《精益检修操作手册》和《水轮发电机组智慧检修标准》，对水电设备健康管理和状态检修模式有着深入的研究，率先提出"基于全生命周期的水电智慧检修"理念，牵头制定了水电行业首个《水轮发电机组主设备振摆在线监测数据标准》。在国内核心期刊发表论文3篇，荣获省部级科技奖励10余项。

序

今年，习近平总书记在中央政治局第三十四次集体学习时指出："要推动数字经济和实体经济融合发展，把握数字化、网络化、智能化方向，推动制造业、服务业、农业等产业数字化，利用互联网新技术对传统产业进行全方位、全链条的改造，提高全要素生产率，发挥数字技术对经济发展的放大、叠加、倍增作用。"总书记将发展数字经济提升到把握新一轮科技革命和产业变革新机遇的战略高度，对我们如何在双碳目标背景下推动企业的高质量发展具有重大指导意义。

当前，我国以数据驱动为核心的新一轮科技和产业革命方兴未艾，其蓬勃发展的势头已蔓延到全国各个行业领域。鉴于此，作为经济发展的基本单元，国能大渡河公司于2014年率先提出"智慧企业"概念，并在之后的8年时间里不断对企业进行数字化改造和智能化应用，创新探索新型管理模式和组织形态，对先进信息技术、工业技术和管理技术不断进行深度融合，在推进智慧企业建设中取得了一系列的丰硕成果。

随着水电站的相继投产，机组的最大发电效益与设备的检修维修之间的矛盾也日益凸显。如何在两者之间寻求平衡，实现企业效益的最大化，成为了我们必须直面的难题。为此，国能大渡河公司率先提出"智慧检修"思路，目的是通过构筑统一监测标准，建立数据存储和共享平台，依托云计算、大数据、物联网、移动互联网、智能控制等先进技术，融合在线监测数据、历史数据和试验诊断数据等设备状态信息，实现对运行设备的整体健康程度的评价，并针对引起机组停机事故的重大故障隐患，能够精准诊断、提前预警、有效防范、自动生成最优检修方案，力争做到检修管理手段由事后检修、计划检修向精准检修、预测检修转变。

李林、侯远航同志编写的《水电站设备智慧检修》一书，清晰地解答了"智慧检修"是什么，怎么做才算得上"智慧检修"等问题。该书从"发展思路、总体目标和实践路径"着手，对智慧检修的定义进行了丰富完善，即：智慧检修是以"实时监测、动态分析、智能诊断、自主决策"为目标，聚焦设备状态参数大数据挖掘，实时评价设备健康状态、预警预判设备运行风险，智能决策检修方案，自我配置"人、机、料、法、环"等生产要素；智慧检修是在状态检修的基础上进一步发展而来，能够结合当前健康状态对未来很长一段时间的设备状态进行预测，结合电力市场、人力、物资以及水情信息，自动生成最优的检修维护策略，并对检修过程实施精准管控，对设备修后质量进行自动评价。同时结合自身检修实际，该书枚举了大渡河流域水电智慧检修建设在多个方面取得的实践应用。可以说，这本书并不仅仅是国能大渡河公司对于智慧检修建设的经验总结，更是每一名大渡河人探索水电站设备智慧检修的缩影。

智慧企业建设的初衷是"将职工从简单、重复的工作中解放出来，将职工从偏远的艰苦环境中解放出来"。《水电站设备智慧检修》的问世，让我看到了距离我们初心的实现又近了一步。

斯蒂芬·茨威格曾在《人类群星闪耀时》中写道："一个人命中最大的幸运，莫过于在他的人生途中，即在他年富力强的时候发现了自己生活的使命。"希望该书的出版能为正在着力"智慧检修"建设的同志们提供信心，能为迫切需要向"智慧化"转型的企业提供帮助和参考。愿国能大渡河公司在智慧检修建设过程中，能得到更多同志们的支持和鼓励，得到更多企业的认同和协助，一起为推进智慧检修理论发展和技术实践贡献力量。

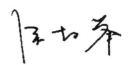

前　言

　　我国水力发电建设速度明显加快。尤其是在"碳达峰，碳中和"庄严承诺的背景下，作为可再生清洁能源的水力发电以其独特的优势再次进入蓬勃发展的快车道。根据2020年国民经济和社会发展统计公报披露，至2020年年末全国水电装机容量已达37016万千瓦，同比增长3.4%，这给未来水力发电检修市场带来了巨大的增长空间。在国内水力发电检修尚大有作为的同时，随着国家"一带一路"倡议的发展，国际水力发电检修市场前景巨大。设备检修与管理的问题始终是水力发电行业和发电企业永恒的主题，需求与发展空间不断扩大，要求的技术管理层次不断提高，相应的技术方案更加优化，安全措施更加严谨。先进的检修管理模式不但能够确保设备安全、可靠、经济运行，而且能够有效控制电力生产成本，同时还能提高设备健康水平，延长设备使用寿命，减少非计划检修停机时间。在以数字化、网络化、智能化以及"互联网＋"为代表的新兴技术浪潮下，传统的水力发电检修模式已经越发不能满足时代发展的需求。对此，国家能源集团大渡河流域水电开发有限公司专门开展智慧检修与管理研究，研究成果已在大渡河流域梯级电站检修中得到应用，取得了很好的效果。

　　《水电站设备智慧检修》一书秉承不断探索、不断进步的宗旨，针对水力发电智慧检修与管理发展需求，在依托国家能源集团大渡河流域水电开发有限公司智慧检修与管理成果的基础上，进行总结提高和实践体验，以专著的形式阐明了水电站设备检修基础理论、检修模式的演变，从而导出智慧检修的概念、智慧检修的技术特性和智慧管理模式。提出了在数字化、网络化、智能化发展的当代，水力发电智慧化检修建设的必然性。作者在书中对于智慧检修理论模型、技术架构以及实现以"风险识别自动化、管理决策智能化、纠偏升级自主化"为主要内容的智慧检修管理模式作了充分的理论展开，具有学习参考价值。并以大渡河流域梯级电站智慧检修管理应用实践为例，证实专著内容的可应用性和可扩展性，是一部可供现时水电站设备智慧检修及管理专业人员参考的科学技术书籍。

全书共分为六章，李林、侯远航负责主要编写工作。李剑君、钱冰、张海滨、王勇飞、郑建民、马越、冯治国、彭放、冉垠康、蔡银辉、李晓飞、王彤、王浩宇、李昂、张健、王兴林、彭小东、张力参与编写工作。

特别感谢中国电力建设股份有限公司付元初、中国葛洲坝集团股份有限公司江小兵、中国电建集团成都勘测设计研究院有限公司蒋登云、电子科技大学曾金全等专家的大力支持和指点。在研究过程中也得到了西华大学刘小兵教授团队的支持，在此一并表示诚挚谢意。

鉴于作者水平有限，书中难免有诸多不妥之处，敬请同仁不吝赐教。

作者

2022 年 1 月于成都

目 录

第1章

智慧检修建设的时代背景

1.1　智慧浪潮下的水力发电

当前，一场以云计算、大数据、物联网、移动应用、数字孪生、智能控制为核心的"新IT"技术革新日新月异。尤其是以"互联网＋"为代表的互联网新兴技术浪潮在工业领域的发展应用更加迅猛，正催生新业态和新模式不断涌现。全球范围内生产力水平发展到新阶段，新型科技手段带动的产业革命正迅速兴起，新的生产关系正悄然酝酿。基于云端技术的工业领域精细化的供应链管理、连续化的设备在线监测、智慧化的检修管理、择优化的安全生产运行，以及能源数据管理等都将大大提高企业的竞争力和发展潜力。

"互联网＋"理念的提出，最早可以追溯到2012年11月易观国际董事长兼首席执行官于扬先生在易观第五届移动互联网博览会的发言。他认为"互联网＋"公式应该是我们所在的行业的产品和服务在与我们未来看到的多屏全网跨平台用户场景结合之后产生的这样一种"化学公式"。

2015年3月5日，在十二届全国人大三次会议政府工作报告中首次提出"互联网＋"行动计划，坚持创新驱动、智能转型、强化基础、绿色发展，加快从制造大国转向制造强国，推动移动互联网、云计算、大数据、物联网等与现代制造业结合，促进电子商务、工业互联网和互联网金融（ITFIN）健康发展，引导互联网企业拓展国际市场。

2015年6月17日，国务院常务会议再次强调了大数据运用的重要性。2015年7月4日，国务院印发《关于积极推进"互联网＋"行动的指导意见》。该指导意见中提出，将重点推进组织实施智能产业，推进重要工业领域大数据中心建设。目前政策对大数据的支持力度正不断提升，大数据已上升至国家战略。

2015年7月，通用电气（GE）举办"当智慧遇上机器——工业互联网中国峰会"，宣布GE工业互联网大数据软件平台Predix向全球所有公司开放。该平台主要利用物联网、云计算、大数据等技术，构建了一个工业领域数据统一收集、统一存储、有效分析、有效预测、清晰表达的数据整体云服务平台。此外IBM公司也推出了Bluemix云平台，全球有超过30000家云客户。德国西门子公司采用SAP HANA云平台技术，于2014年正式对外提供预测性维护、资产分析和能源数据管理等基于数据的服务。

2015年12月16日，第二届世界互联网大会在浙江乌镇开幕。中国互联网发展基金会联合百度、阿里巴巴、腾讯共同发起倡议，成立"中国互联网＋联盟"。

2017年7月20日，国务院印发《新一代人工智能发展规划》，提出了面向2030年我国新一代人工智能发展的指导思想、战略目标、重点任务和保障措施，部署构筑我国人工智能发展的先发优势，加快建设创新型国家和世界科技强国。

2018年5月26日，2018中国国际大数据产业博览会在贵州省贵阳市开幕。国家主席习近平向会议致贺信。习近平指出，当前，以互联网、大数据、人工智能为代表的新一代信息技术日新月异，给各国经济社会发展、国家管理、社会治理、人民生活带来重大而深远的影响。把握好大数据发展的重要机遇，促进大数据产业健康发展，处理好数据安全、网络空间治理等方面的挑战，需要各国加强交流互鉴、深化沟通合作。习近平强调，中国高度重视大数据发展。我们秉持创新、协调、绿色、开放、共享的发展理念，围绕建设网络强国、数字中国、智慧社会，全面实施国家大数据战略，助力中国经济从高速增长转向高质量发展。

2020 年 5 月 22 日，2020 年国务院政府工作报告中提出，全面推进"互联网＋"，打造数字经济新优势。

在风起云涌产业巨变的新常态经济背景和现代信息技术进步智慧浪潮的潮流下，伴随电力改革进入深水区，多种商业模式逐步产生，电力数据信息与金融服务的不断整合，电力物联网将引领电网和发电企业进行技术变革，电力系统发电侧走向智慧化管理成为必然趋势，水力发电企业发展的新时代已经到来。

1.2　水力发电检修新定位

1.2.1　行业现状

水力发电检修是采用有效的检测手段和分析诊断技术，及时、准确地掌握水力发电设备运行状态，为保证设备的安全、可靠和经济运行，对设备进行检修与维护的相关工作，并且对设备故障进行有效处理。水力发电检修主要包括水电站机组及其辅助设备、线路进行日常维护，以及大修、小修、技术改造、抢险、抢修，并及时消除缺陷。

在水力发电企业电力生产过程中，定期或不定期开展设备检修，确保设备安全、可靠、经济运行，不但能够保障电力生产正常运行，有效控制生产成本，同时还能使设备能够得到及时的养护，提高设备健康水平，保护电力生产设备，延长设备使用寿命。水力发电企业积极开展水力发电检修研究的意义如下：

1. 提高水电站的运行管理水平

现代科学技术和现代化管理是提高经济效益的决定性因素。科学技术进步和管理水平的提高将从根本上决定我国现代化建设的进程，是关系到我国民族振兴的大事。"管好、用好、修好"设备，不仅是保证水电站生产的必不可少的条件，而且对提高企业经济效益，保证电网安全稳定运行及用电安全，有着极其重要的意义，而合理实施检修是提高水电站运行管理水平的一个重要组成部分。

2. 提高水电站设备运行的可靠性，避免重大事故的发生

设备运行的可靠性和电力生产的持续性，在水电站运行中是至关重要的。由于发电设备故障而导致的发电中断或设备损坏，将会对企业及社会造成巨大的损失。例如，2009年8月17日，俄罗斯萨扬舒申斯克水电站发生2号机组水轮机顶盖及发电机转子射出，导致水淹厂房、机毁人亡的特别重大事故。事故共造成75人死亡，10台机组受到不同程度破坏，厂房被摧毁，直接经济损失超过130亿美元。加强检修可以起到防患于未然的作用，更有效地防止故障的发生或扩大，有助于减少乃至避免因设备故障造成事故引起的巨大经济损失，甚至人员伤亡和环境污染等。

3. 可以获得巨大的经济效益和社会效益

现代电力工业生产具有设备大型化、生产连续化和高度自动化的特点。这些特点对于提高生产率、降低成本、保证电能质量等方面具有巨大的优势，但同时一旦电力生产设备发生故障，哪怕是一个零件或组件，也可能会迫使生产中断，停止供电，带来巨大的经济损失。另外，合理的检修策略有助于准确掌握设备状态，预测设备故障发生发展的趋势，因而对状态尚好的设备，可以有依据地适当延长检修周期，对状态不太好的设备，可以积极主动地采取有效的维护措施，最大限度地使其正常运行，充分发挥设备的运行能力，防止盲目停机检修。

国外有关统计资料表明，合理的检修策略可使发电设备大修周期从3~5年延长到6~8年，甚至10年。其效益主要有以下几个方面：提高发电机组效率和可用系数，此方面效益约占效益总额的30%~

50%；提高发电机组出力，此方面效益约占效益总额的 10%～30%；延长设备使用寿命，此方面效益约占效益总额的 10%～15%；降低检修费用，此方面效益约占效益总额的 30%～50%。由此可见，合理的检修策略在水电站中的应用可以带来巨大的经济效益与社会效益。

当然，从目前水力发电企业电力生产运行检修工作来看，受到多种因素的限制，检修工作还存在一定的问题，检修效果还不够理想，还存在许多需要改进和提高的地方。对水力发电企业而言，在新一轮科技革命和产业变革的大背景下，以数字化、网络化、智能化为特征的水力发电检修已成为未来发展趋势。

近年来，我国水力发电建设速度明显加快。尤其是在"碳达峰，碳中和"庄严承诺的背景下，作为可再生清洁能源的水力发电以其独特的优势再次进入蓬勃发展的快车道。根据 2020 年国民经济和社会发展统计公报披露，至 2020 年年末全国水电装机容量已达 37016 万 kW，增长 3.4%，这给未来水力发电检修市场带来了一定的增长空间。据测算，2014 年国内水力发电检修市场约为 53.3 亿元，至 2020 年达到约 74.5 亿元，具有一定市场空间。按照水电装机容量 2025 年达到 4.65 亿 kW 的目标，水力发电检修市场未来的年均复合增长率约为 5%。四川省是水电装机容量最大的省份（占全国比例约为 20.8%），也是全国水力发电检修市场容量最大的省份；同时西南地区是我国水电装机容量最大的区域（仅四川、云南、贵州和广西四地装机容量占全国比例就为 47%）。在国内水力发电检修行业尚大有作为的同时，随着国家"一带一路"倡议的发展，国际水力发电检修市场前景巨大。

当前世界上较为先进的检修模式主要集中在发达国家，如美国、日本及欧洲各国在检修维护技术研究和应用领域已有多年的发展，并在先进的状态检修等方面积累了宝贵的经验。状态检修随着维修管理水平的提高和故障诊断技术的发展而逐渐进入实用化，它给企业带来的收益和安全超过定期检修，因此在世界范围内引起了广泛的重视，理论研究和生产实践都在不断深入，有的已取得了丰硕成果。

改革开放以前，我国水力发电检修管理主要是借鉴国外的经验。由于水电站受流域环境和周边环境的影响，单纯计划经济时代建成的水电站即使地处同一流域或同一地区，管理大多形成一套独立的完整体系，多年来一直也套用苏联的模式，采用定期检修为主。改革开放以来，随着市场经济体制的逐步建立并不断完善，检修模式有了很大的变化，不仅新建投产的水电站管理有别于以往，而且老水电站的管理也逐步发生变化，出现了形式多样的管理方式。部分流域开发水力发电企业开始在传统定期检修的基础上，加上故障临时性维修，积极探索实施状态检修，并结合时代发展需要，使检修向数字化、自动化、智能化、智慧化方向发展。

现阶段我国新建或经改造的水电站普遍实现了"无人值班"（少人值守）模式，具备国际先进水平的监控、保护和监测等自动化系统得到了广泛的应用。水电站采用的网络或现场总线通信方式已基本实现电站分布式信息数据的交换功能，计算机监控等自动化系统中实时数据采集、智能诊断等高级技术的研究和实际应用已取得了较好的成果，整体自动化程度已达到国际先进水平，其中部分电站已初具"智能化"的特征和特点。这些数字化、自动化、智能化、智慧化技术的发展和积累，为持续改进水电站检修模式奠定了良好的基础。

1.2.2　水力发电检修面临的挑战

随着我国投产水电站的增多，检修任务点多面广战线长，专业工种多，涉及信息量大，管理要求高，需要强有力的技术支持和资料支撑。面对新情况、新问题、新挑战，用最少的人力、物力、财力高效完成检修工作任务，实现自动风险识别、智能决策管理，促进管理和效益"双提升"，全力推进水力发电检修数字化、网络化、智能化、智慧化已经成为时代所需，也是新时期水力发电检修管理的迫切需要。现阶段，水力发电检修行业面临的挑战和需要解决的主要问题有如下两个方面。

1. 管理方面

（1）思想观念需要更新。过去一段时间，由于设备技术水平限制以及计划经济体制下长期缺电，在强调安全的同时，忽视经济性、科学性，没有重视维修工作综合效益。企业级管理部门的思想观念应该向先进检修管理思想转变。

（2）人员技术素质参差不齐。现有运行检修人员还不完全具备实施水力发电检修数字化、网络化、智能化、智慧化检修所需要掌握的较全面的技术知识，经验专家系统的建立、有关文档的整理规则、检修的组织和实施过程尚不熟悉。

（3）数据资料缺乏或者不完善。有关设备的设计、制造、安装、运行、维护的历史数据记录零散不全，尤其是缺乏全国范围的同类型设备及部件的可靠性统计数据。

（4）设备基础管理现代化的步伐需要加快。设备基础管理应规范化、科学化、信息化，维修管理应积极采用计算机维护管理系统（CMMS）。

（5）现行检修管理体制需要完善。现行检修工作的计划制定、决策实施、经费拨付、效益评定等方式都不利于水电站发挥自身积极性和积极采用新的检修技术和体制。

（6）针对不同机型、不同运行方式、不同检修史进行优化检修或智慧化检修的决策系统研究还处于初级阶段，故障可能性及检修风险的预测和分析、决策系统的网格化、状态数据共享和管理等问题有待进一步研究。

2. 技术方面

（1）状态监测与故障诊断技术在发电设备中得到广泛应用，但离检修数字化、网络化、智能化、智慧化工作的要求还有一定距离。这方面基础研究开展比较好的有清华大学、华中理工大学、哈尔滨工业大学、东南大学、西安交通大学、北京奥技异电气技术研究所有限公司等相关院校和科研院所。这些单位在国家的组织下或电力企业的支持下，研究开发了许多状态监测与故障诊断专家系统，成功应用于各种容量的发电机组，在生产实践中起到了积极的作用。但这些研究工作以及开发的系统普遍考虑较多的是设备的安全性，并没有站在检修数字化、网络化、智能化、智慧化以及检修管理与检修决策的高度来开发、应用、集成这些技术，还不能完全满足水电站检修的需要。而且，现有监测与诊断技术对作为水电站核心的设备如水轮发电机组的很多故障机理研究尚不够透彻，监测与诊断的手段不多，获取的信息也不够全面，在故障诊断的诊断率、诊断的正确率、监测诊断系统的稳定性方面还存在不少问题。

（2）可靠性技术支持检修数字化、网络化、智能化、智慧化检修的研究和应用不够。可靠性技术在我国电力生产与管理中正在得到重视，有关机构得到健全，已经成立了电力可靠性管理中心。但复杂系统的可靠性技术与方法还需要进一步研究。可靠性技术在发电检修中的运用有待探索，应用的深度与广度也有待加强。以可靠性技术为中心的维修方式的具体实施过程和经验有待提炼和总结。

（3）寿命管理与预测技术在取得实际运用成绩的同时，要想成功地运用于水力发电检修数字化、网络化、智能化、智慧化工作中，还需要解决一些问题，如设备寿命计算中复杂边界条件的确定，寿命损耗积累原则的确定，材料在不同温度、应力条件下的寿命损耗特性和剩余寿命评价等。

（4）其他相关技术问题需要逐步解决，如基于多目标优化的维修智能决策技术、仿真技术在检修数字化、网络化、智能化、智慧化中的运用等都需要开展进一步研究与探讨。

根据设备特点和系统复杂程度，从整个电力系统看，水电站设备的检修数字化、网络化、智能化、智慧化难度是相对较大的。正因为如此，水电站设备智慧检修工作也相对滞后。

我国水力发电进入高速发展时期，截至 2020 年年末，水电装机容量已达 37016 万 kW，开展水力发电的智慧化检修潜力巨大。现在国内进行发电设备智慧化检修试点的机组也逐渐多了起来。当然，开展该项工作时，应该有目的地逐步进行，这就要调查、了解目前水电设备的基本情况。尽管目前直接在主要设备上推行智慧化检修尚有困难，但是应该向这个方向努力，促进技术的发展。

除了上面谈到的管理思想观念和技术问题，在我国推行发电设备智慧检修在很大程度上还受到电力企业管理体制的影响。在电力生产计划管理体制下，企业的检修费用、设备更新费用等都由上级包干，因此企业不会主动花力气推行智慧检修。如果依靠上级的命令自上而下推行智慧检修，既不可能做到也不现实。随着我国电力工业体系改革的不断开展和深入，水电站将成为自主经营、自负盈亏的主体，在竞价上网等市场机制的刺激下，企业从自身发展的需要出发，为提高经济效益、降低生产成本、在竞争中立于不败之地，就会主动积极地推行智慧检修。只有上下都有积极性，智慧检修才能最终实现。

1.2.3　水力发电检修的新定位

伴随着发电技术进步和信息技术发展的支撑，设备管理正在由数字化控制与信息化管理向更高性能的可靠、主动、安全、智慧的方向迈进。在水电站自动化水平不断提高的前提下，状态检修、减人增效、优化运行、流域调度、集团管控、智能决策等要求不断提出，迫切需要引入新的技术和管理模式，以实现"质量、效益"双提升。通过业务量化、统一平台、集成集中、智能协同，充分、敏捷、高效地整合和运用内外部资源，深化改革创新，优化资源配置，实施创新驱动，推进智能管理，实现检修"风险识别自动化、管理决策智能化、纠偏升级自主化"已经逐步成为发展的趋势。

从技术的发展趋势来看，传统的数据存储技术已经不能满足日益暴涨的工业 4.0 数据分析需求，分布式大数据存储技术已成为数据存储的趋势，越来越多的检修任务将在大数据平台的基础上，固化专家的知识经验成为算法，通过机器学习和人工智能技术自动处理。

在数字化、网络化、智能化、智慧化发展趋势下，国内一些水力发电企业已经开展了建设"智慧企业"课题研究，明确把流域开发、水电站建设、生产运行、电力交易和企业管理行为数字化，充分运用云计算、大数据、物联网、移动互联网、人工智能等新兴技术，提出了基于大数据和智能分析技术构建信息决策"大脑"的智慧工程、智慧电厂、智慧调度、智慧检修建设发展目标，通过体系、流程、人、技术等企业要素的有效变革和优化，优化企业管理水平，提高企业应对外部风险能力，实现"风险识别自动化、管理决策智能化、纠偏升级自主化"为核心的智慧企业管理。

从外部来看，信息网络正向高速、智能、融合的下一代网络演进，信息技术的进步带动支撑了模式创新、管理创新和制度创新，市场经济竞争在信息技术高速发展的时代进入一个更加激烈的阶段，依托信息化手段建设智慧型企业是企业实现快速发展的一个必然选择；从水力发电企业内部来看，检修正处于向"专业检修、大型检修"转变，企业改革发展任务艰巨，专业工种多，涉及信息量大，管理要求高，需要强有力的技术支撑和资料支撑。面对新情况、新问题、新挑战，水力发电检修要想用最少的人力、物力、财力资源简约、高效完成工作任务，实现自动风险识别、智能决策管理，促进管理和效益"双提升"，全力推进以数字化、网络化、智能化为主要特点的智慧化检修建设是必然的选择。

1.3　呼之欲出的智慧检修

1.3.1　智慧检修的概念

智慧检修是以"实时监测、动态分析、智能诊断、自主决策"为目标，聚焦设备状态感知、信息融合，实时掌握设备健康状态、预测预警设备风险、精确定位设备故障、自动生成最优检修方案、检修过程人机交互和持续积累设备知识形成检修最佳实践，实现检修管理手段由事后检修、计划检修向精准检修、预测检修演进。智慧检修是具有柔性组织特点的集中管控模式。

1.3.2　智慧检修的内涵

智慧检修是依托云计算、大数据、物联网、移动互联网、数字孪生等先进技术，通过在线监测分析、历史数据挖掘和试验诊断等提供的设备状态信息，评价运行设备的整体健康程度，预判或确定设备可能发生的故障，并指导检修工作的检修管理模式。智慧检修以实现设备的"实时监测、动态分析、智能诊断、自主决策"为目标。

实时监测，即统筹考虑数据采集内容和传输通道，建成检修中心统一的数据存储和共享平台。根据日常业务需求，采集各类运行数据，建成检修中心全景监视中心。

动态分析，即开发基于数据仓库模式的智能应用工具，对数据之间的关联和隐含信息进行深度挖掘。

智能诊断，即通过对设备运行大数据深度挖掘和动态分析后，自动给出诊断结果，自动给出检修策略。

自主决策，即自动生成检修方案，进行检修决策、方案审定、调配物资工器具及备品备件，集控检修管理工作，实现人与机、人与人互联。

1.3.3　智慧检修的特征

智慧检修主要特征如下：

（1）着力数据驱动。智慧检修充分利用大数据挖掘技术，用设备健康指标量来分析诊断设备潜在的故障，打破传统靠经验计划的检修模式，实现精准检修和预测检修。

（2）注重人机互动。智慧检修将网络化、数字化、智能化、智慧化深度融合，强调人机互动，在新常态下打造高度人机协同的自动管理新模式。

（3）强调集成集中。智慧检修要求全面整合以往分散的检修业务，消除业务间信息不通、数据孤岛的壁垒，形成具有柔性组织特点的集成集中模式。

智慧检修单元应构筑统一监测标准，建成数据存储和共享平台，电站主要设备具备状态感知、信息融合、数据关联的动态分析功能，针对引起机组停机事故的重大故障隐患能够精确诊断、提前预警，对于诊断出的各种故障隐患能够自动生成最优检修方案，实现检修管理手段由事后检修、计划检修向精准检修、预测检修转变，在水力发电企业设备的维护与检修管理场景中起到主导作用，发挥带头功能。

第 2 章

智慧检修的理论探索

2.1　检修模式的演进

在检修模式的演进过程中，根据不同行业特点、不同的设备管理要求，出现了各种追求不同具体目标的检修模式。但就检修模式而言，归纳起来有五种，即事后检修、定期检修、改进性检修、状态检修和智慧检修。这些检修模式并不是相互排斥的，在不同的管理要求下，它们是可以共存的。

2.1.1　事后检修

事后检修（Break－Down Maintenance），又称为故障性检修，是当设备发生故障或其他失效时进行的非计划性检修。在现代设备管理要求下，事后检修仅用于对生产影响极小的非重点设备、有冗余配置的设备或采用其他检修模式不经济的设备。这种检修模式又称为故障检修。事后检修是 18 世纪兴起的检修模式。在这种检修模式下，一般运行人员兼顾检修并凭经验进行，对设备进行事后检修，坏了就修，不坏不修，属于传统的经验管理，是早期设备管理的一种主要形式。

2.1.2　定期检修

定期检修（Time - Based Maintenance）是一种以时间为基础的预防性检修模式，也称为计划检修。它是根据设备磨损的统计规律或经验，事先确定检修类别、检修周期、检修工作内容、检修备件及材料等的检修模式。定期检修适合于已知设备磨损规律的设备，以及难以随时停机进行检修的流程工业、自动生产线设备。定期检修模式下，管理工作相对专业化，借助事先制定的科学程序和标准对工作生产分配过程进行控制和调节，用经济的方法来维持生产秩序和管理。

2.1.3　改进性检修

改进性检修（Corrective Maintenance）是为了消除设备的先天性缺陷或频发故障，对设备的局部结构或零件的设计加以改进，并结合检修过程实施的检修模式。严格来说，它并不是一种检修模式，改进性检修通过检查和修理实践，对设备易出故障的薄弱环节进行改进，改善设备的技术性能，提高可用率。与技术改造针对补偿设备的无形磨损相比，改进性检修是要通过改进和提高设备的可靠性、维修性来提高设备的可用率。

2.1.4　状态检修

状态检修（Condition - Based Maintenance）是从定期检修发展而来的更高层次的检修模式，是一种以设备状态为基础、以预测设备状态发展趋势为依据的检修模式。它根据对设备的日常检查、定期重点检查、在线状态监测和故障诊断所提供的信息，经过分析处理，判断设备的健康和性能劣化状况及其发展趋势，并在设备故障发生前及性能降低到不允许极限前有计划地安排检修。这种检修模式能及时地、有针对性地对设备进行检修，不仅可以提高设备的可用率，还能有效降低检修费用。它与定期检修相比较，带有很强烈的主动色彩。在状态检修模式下，生产向集约化发展，实现高度自动化和信息化，并向智能化大系统管理和控制自动化发展。

2.1.5　智慧检修

智慧检修（Intelligent Maintenance 或 Smart Maintenance）是以"实时监测、动态分析、智能诊断、自主决策"为目标，聚焦设备状态参数大数据挖掘，实时评价设备健康状态、预警预判设备运行风险、智能决策检修方案，自我配置"人、机、料、法、环"等生产要素，实现检修管理手段由定期检修、事后检修向精准检修、预测检修演进，是一种具有柔性组织形态的检修管理新模式。

智慧检修可以利用设备状态采集和分析，评估设备的运行和健康状态，识别故障的早期征兆，对故障部位的严重程度、故障发展趋势做出判断，并根据分析诊断结果，在设备性能下降到一定程度或故障将要发生之前进行及时、主动、精准的检修。

2.2　智慧检修的推进基础

2.2.1　大数据技术

大数据（Big Data），是指无法在一定时间范围内用常规软件工具进行捕捉、管理和处理的数据集合，是需要新处理模式才能具有更强的决策力、洞察发现力和流程优化能力的海量、高增长率和多样化的信息资产。

从技术的角度看，大数据技术是基于对当前海量数据的处理需求产生的一系列技术的总称。提及大数据技术，必然绕不开云计算，一定程度上两者是相辅相成的。大数据技术的战略意义不在于掌握庞大的数据信息，而在于对这些含有意义的数据进行专业化处理。在以云计算为代表的技术创新大幕的衬托下，这些原本看起来很难收集和使用的数据开始容易被利用起来了，通过各行各业的不断创新，大数据会逐步为人类创造更多的价值。

从管理上看，大数据与固定资产、人力资源一样，也是一种生产要素，能支持现代经济增长和创新活动，为人类社会各行各业所带来的变革机会可能比技术突破更为意义重大。

在大数据时代，大到公共领域的政府决策，小到商业机构的营销分析，以及越来越多的依靠数据，整个社会的决策模式正朝着数据驱动的方向演变。

2.2.2 第五代移动通信技术（5G）

第五代移动通信技术（5th Generation Mobile Communication Technology），简称 5G 或 5G 技术，是具有高速率、低时延和大连接特点的新一代宽带移动通信技术，也是继 4G、3G 和 2G 技术之后的延伸。5G 的性能目标是高数据速率、减少延迟、节省能源、降低成本、提高系统容量和大规模设备连接。

国际电信联盟（ITU）定义了 5G 的三大类应用场景，即增强移动宽带（eMBB）、超高可靠低时延通信（uRLLC）和海量机器类通信（mMTC）。增强移动宽带（eMBB）主要面向移动互联网流量爆炸式增长，为移动互联网用户提供更加极致的应用体验；超高可靠低时延通信（uRLLC）主要面向工业控制、远程医疗、自动驾驶等对时延和可靠性具有极高要求的垂直行业应用需求；海量机器类通信（mMTC）主要面向智慧城市、智能家居、环境监测等以传感和数据采集为目标的应用需求。

2017 年 10 月，深圳开通首个 5G 试验站点以来，5G 产业链发展快速推进。2018 年 6 月，3GPP 发布了第一个 5G 标准（Release - 15），支持 5G 独立组网，重点满足增强移动宽带业务。2020 年 6 月，Release - 16 版本标准发布，重点支持低时延高可靠业务，实现对 5G 车联网、工业互联网等应用的支持。5G 移动网络与早期的 2G、3G 和 4G

移动网络一样，是数字蜂窝网络。在这种网络中，供应商覆盖的服务区域被划分为许多被称为蜂窝的小地理区域。表示声音和图像的模拟信号在手机中被数字化，由模数转换器转换并作为比特流传输。蜂窝中的所有5G无线设备通过无线电波与蜂窝中的本地天线阵和低功率自动收发器（发射机和接收机）进行通信。收发器从公共频率池分配频道，这些频道在地理上分离的蜂窝中可以重复使用。本地天线通过高带宽光纤或无线回程连接与电话网络和互联网连接。与现有的手机一样，当用户从一个蜂窝穿越到另一个蜂窝时，他们的移动设备将自动"切换"到新蜂窝中的天线。

5G移动网络的主要优势在于，数据传输速率远远高于以前的蜂窝网络，最高可达10Gbit/s，比当前的有线互联网要快，比先前的4G LTE蜂窝网络快100倍。另一个优点是较低的网络延迟（更快的响应时间），低于1ms，而4G为30～70ms。由于数据传输更快，5G网络将不仅为手机提供服务，而且还将成为一般性的家庭和办公网络提供商，与有线网络提供商竞争。以前的蜂窝网络提供了适用于手机的低数据率互联网接入，但是一个手机发射塔不能经济地提供足够的带宽作为家用计算机的一般互联网供应商。

5G作为一种新型移动通信网络，不仅要解决人与人通信，为用户提供增强现实、虚拟现实、超高清（3D）视频等更加身临其境的极致业务体验，更要解决人与物、物与物通信问题，满足移动医疗、车联网、智能家居、工业控制、环境监测等物联网应用需求。最终，5G将渗透到经济社会的各行业各领域，成为支撑经济社会数字化、网络化、智能化转型的关键新型基础设施。

2.2.3　人工智能

人工智能（Artificial Intelligence，AI）被广泛地描述为计算机系统模仿或者模拟人类智能行为的能力，包括语音识别、视觉感知、做出决策和翻译语言等。它是研究、开发用于模拟、延伸和扩展人的智能的理论、方法、技术及应用系统的一门新的技术科学。

人工智能作为计算机科学的一个分支，它企图了解智能的实质，并生产出一种新的能以人类智能相似的方式做出反应的智能机器，该领域的研究包括机器人、语言识别、图像识别、自然语言处理和专家系统等。人工智能从诞生以来，理论和技术日益成熟，应用领域也不断扩大，可以设想，未来人工智能带来的科技产品，将会是人类智慧的"容器"。人工智能可以对人的意识、思维的信息过程进行模拟。人工智能不是人的智能，但是能像人那样思考、也可能超过人的智能。

人工智能是一门极富挑战性的科学，从事这项工作的人必须懂得计算机、心理学和哲学方面的知识。人工智能是内涵十分广泛的科学，它由不同的领域组成，如机器学习，计算机视觉等，总的说来，人工智能研究的一个主要目标是使机器能够胜任一些通常需要人类智能才能完成的复杂工作。

人工智能从 20 世纪 70 年代以来被称为世界三大尖端技术（空间技术、能源技术、人工智能）之一，也被认为是 21 世纪三大尖端技术（基因工程、纳米科学、人工智能）之一。这是因为近 30 年来它获得了迅速的发展，在很多学科领域都获得了广泛应用，并取得了丰硕的成果，人工智能已逐步成为一个独立的分支，无论在理论还是在实践上都已自成一个系统。

2.2.4　故障及故障特性

2.2.4.1　故障的定义和分类

根据我国国家标准《可靠性、维修性术语》（GB/T 3187）中的定义，故障就是"产品丧失规定的功能"。产品发生的任何与技术文件规定的数据或状态不符的现象称为失常。随着失常的加剧，根据某些物理状态或工作参数，可以判断即将发生产品功能的丧失现象，产品此时存在潜在的故障。再进一步演变到功能丧失之后，就认为产品发生了功能故障，对于不可修复的产品则称为失效。故障是多种多样的，按故障出现的概率、故障存在的时间、故障的性质和故障发生的部位等可分为如下几类。

（1）按故障出现的概率，可分为系统性故障和随机性故障。系统性故障是指只要满足一定的条件，设备或控制系统必然会出现的故障，也称为必然性故障。而随机性故障是指在一定的条件下只偶然出现一两次的故障。随机性故障往往与机械结构的局部松动、错位，数控系统中部分元器件工作特性漂浮以及机床电气元件工作可靠性下降等有关。

（2）按故障存在的时间可分为暂时性故障和永久性故障。暂时性故障往往带有间断性，在一定条件下，系统所产生的功能上的故障通过调整系统参数或运行参数，不需更换零部件即可恢复系统的正常功能。永久性故障则必须通过修复或更换零部件才能使设备恢复正常。

（3）按故障的性质可分为硬件故障和软件故障。硬件故障是指只有更换或修复已损坏的部件才能排除的故障，软件故障是指程序内容或参数错误等引起的故障。

（4）按故障发生的部位可分为机械部分故障、液压系统故障、控制系统故障和电气故障。

2.2.4.2　故障模式与故障机理

所谓故障模式是指故障发生时的具体表现形式，即故障现象的一种表征，它相当于医疗方面的疾病症状，如磨耗、振动、歪斜、变形、松弛、龟裂、破损、泄漏、堵塞、黏结、发热、烧损、脱落、短路、断路、导通不良和绝缘破坏等。一般来说，某种故障发生往往是由许多种故障模式中的一种或多种造成的。

故障机理是指诱发零件、部件或设备系统发生故障的物理、化学、电学与机械过程，也可以说是形成故障的原因，它相当于医学上的病理。故障机理依产品种类和使用环境而异，通常以磨损、疲劳、腐蚀、老化、氧化和衰退等形式表现出来。在实际应用中，故障模式与故障机理有时不太容易区别。一般说来，故障机理往往依系统的结构和元件材料的不同而不同。

　　故障模式并不揭示故障的实质原因，通过故障机理的研究，才有可能找到故障产生的根本原因。一般说来，故障模式反映着故障机理的差别。但是，故障模式相同，其故障机理不一定相同。同一种故障机理，可能出现不同的故障模式。根据有关调查发现，机电零部件所发生的最基本的故障机理有蠕变或应力断裂（S：Stress）、腐蚀（C：Corrosion）、磨损（W：Wear）、冲击断裂（I：Iopaet）、疲劳（F：Fatigue）和热（T：Temperature）等六类，简称 SCWIFT 分类。其中磨损和疲劳所占比例较大。

　　机械设备是一个由若干功能单元组成的有机系统，通常具有模块化结构、功能分层模块化等特点，它可以分为系统级、子系统级、功能模块级以及零部件级等多个层次。就系统中的某一具体部件而言，可能有多种破坏因子在该部件的性能劣化过程中起作用，哪一种破坏因子发展速度最快，这个部件从当前状态到其极限技术状态的剩余时间就取决于这个破坏因子的发展速度。对于整个机械设备而言，故障一般是在系统的零部件级产生，然后逐级向上传播，直到系统级。系统级故障对应于系统的功能失调或破坏，零部件级故障为最底层故障。对于某一指定层次的子系统的故障，其产生原因包括以下几个方面：①同该子系统相关的下一层次的子系统发生故障；②同该子系统相关的同一层次的子系统发生故障；③该子系统同其他相关子系统之间的联系或该子系统内部各子系统之间的联系失调；④由于外部因素，系统的工作条件被破坏。

2.2.4.3　故障特性分析

1. 故障的层次性

　　现代机械设备具有复杂的模块化层次结构。按自顶向下的方法，机械设备一般可分为系统级、功能模块级和零部件级。机械设备组成结构的层次性决定了机械设备故障传播的层次性。也就是说，对于现代机械设备的故障，其一级故障源是它的子系统，并且故障原因为该子系统当前的故障，其二级、三级故障源分别是引起该系统故障的各功能模块及零部件，而且故障原因为这些功能模块及零部件的故障。

2. 故障的相关性

在机械设备中，某一故障可能对应若干征兆，而某一征兆又可能对应若干故障，它们之间存在着错综复杂的对应关系。

3. 故障的延时性

机械设备中故障的延时性表现为单一故障萌生、发展的延时性和机械设备中故障的继发性。继发性表达的是不同形式故障之间的顺承关系。

4. 故障的多发性

机械设备中故障的多发性表现为故障的继发和并发。机械设备中各部件之间的故障存在因果和时间上的联系时就是故障的继发。机械设备中各部件之间的故障没有因果和时间上的联系时就是故障的并发。

2.3　智慧检修的理论模型

智慧检修是在状态检修的基础上进一步发展而来，它与状态检修有着本质的区别。智慧检修以实现设备的"实时监测、动态分析、智能诊断、自主决策"为目标，能够结合当前健康状态对未来很长一段时间的设备状态进行预测，结合电力市场、人力、物资以及水情信息，通过大数据与人工智能手段，进行多维综合分析判断，自动生成最优的检修维护策略，并对检修过程实施管控，对设备修后质量自动进行评价。智慧检修强化数据驱动管理，引领检修管理模式不断变革和创新，智慧检修模型如图 2-1 所示。

智慧检修通过先进的状态监测和诊断、可靠性评价以及寿命预测手段来判断设备的健康状态，识别故障的早期征兆，对故障部位的严重程度、故障发展趋势做出判断，主要解决为什么检修、怎么检修、何时检修、过程控制和检修质量等关键问题，它是一种涵盖了技术和

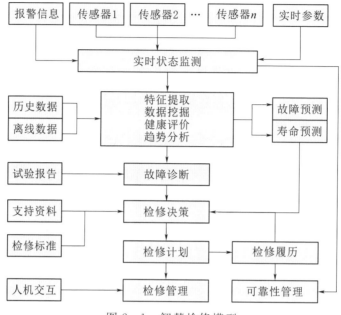

图 2-1　智慧检修模型

管理的水电站检修综合解决方案。智慧检修必须源于全面的数据信息掌握，包括全生命周期管理中各环节的数据信息，通过逻辑判断、智能控制策略、人工经验和专家系统等数据挖掘分析，对设备状态做出预测，结合经济考量，做出合理的时间安排，自动生成检修方案。并通过工业电视等对关键质量点进行见证，通过手机 App 进行标准体系对照、检修过程安全技术措施落实把控等手段，对检修过程实施有效的监控管理，自动完成修后评价，进行策略反馈，生成智能报表，促使检修管理流程变革。

2.3.1　关键路径

智慧检修建设的关键路径是"业务量化、集成集中、统一平台、智能协同"，通过大数据的挖掘，实现"自动感知、自动预判、自主决策、自我演进"，逐步实现检修工作的自动管理。为了实现上述总体目标，智慧检修建设应在纯数据驱动、全方位监控、多系统联动方面遵守以下路径进行建设。

1. 规约标准化

为了避免因规约不统一、不标准而造成不同厂家传感器数据的功能模块无法互联、数据格式有所不同，要求当前各种系统的通信规约、数据格式、模型架构和接口规范，并在未制定统一标准而厂家技术壁垒问题严重的领域，主动制定一批成熟、兼容、通用的规约和标准，用以对通信规约、数据格式、模型架构和接口规范等进行限制，确保不同厂家提供的同类系统以及各系统之间能够有效互联，确保未来新建功能模块能有效接入系统中。

2. 平台统一化

根据各级运行管理人员对于设备信息和管理信息查阅的需求，统一安排数据采集内容和设备，安排数据经由网络传输至主站，消除数据采集重复、通道繁杂、维护困难等问题。同时，在新系统中建设检修中心统一的数据存储模块，在汇聚全部运行、设备信息的基础上，按照部门需求实现可定义的数据编组、订阅、分发服务，使得各部门只需与统一的数据平台接口即可获得所需形式和内容数据，实现统一数据中心职能，为设备状态实时监控，智能分析等应用的开展奠定基础。

3. 预警智能化

根据各级运行管理人员对于日常业务开展的需求，在统一显示界面、统一数据源的基础上，将数据服务、网络服务、告警服务、界面服务等通用服务项目归并智慧检修中心平台之上，而各功能模块仅专注于设备监视和设备状态分析功能，从而降低软硬件维护开销，提高运行人员工作效率。利用各专业、各系统数据集中存储的便利条件，以数据中心的方式对同构或异构的数据库进行统一管理，按照自定义的主题抽取多个库中的数据，开发诸如设备状态多维度分析和评价功能，专家诊断系统等，全面提升检修中心的运维管理能力。

4. 管理高效化

检修管理系统按照"互联网＋智慧检修"的建设思路，构建纵向贯通、横向集成的流域级检修管理平台，重点开发并建成检修工作通知、实施、流程审批、作业审批汇报、电子签章的全程电子化操作，实现检修报告电子化生成、检修工作竣工报告电子化生成，以及建立完善的检修设备库、检修知识库、标准作业库和标准业务流程工序卡。建设智能手机的信息管理系统 App，最终建成一套真正的"电子化、智慧化、可追溯化"的信息管理系统，全面实现上下信息渠道畅通和数据共享与应用。

2.3.2　数据挖掘

实现智慧检修的一个前提就是设备的全生命周期档案，记录设备的过往今生以及不同维度的信息，这是在线监测数据应该解决的基础问题。随着"数字电力"建设的不断深入，数据挖掘技术也被引入电力系统分析中。数据挖掘是从海量的数据中发现潜在的、隐藏的模式和规律，分析数据的内在联系，为决策者提供有用的信息。传统的专家系统大多依赖于经验规则，而现在数据收集能力的大幅提升可以让数据分析与专家经验结合做出更准确的判断分析。智慧检修数据挖掘主要包括逻辑判断、智能控制策略、数据分析＋经验、决策专家系统等。数据挖掘相当于用人工智能克隆"专家能力"，以人工智能替代"专家智慧"。基于数据挖掘的专家系统集成了 IT 技术、算法科学以及经验知识为一体，通过对数据的在线收集、全包检索、机器学习构建了一个智能分析和决策系统。水轮发电机组数据挖掘，除传感器和采集设备外，需要完成采集数据的汇聚、存储、加工和展示任务，数据挖掘流程如图 2-2 所示。

2.3.3　检修实施

水电站根据状态在线监测系统数据，预测机组存在异常状态或异常趋势时，针对其原因、部位和危害程度进行分析判断，并确定对机组采取检修或其他预防措施的方法。当进行检修决策时，应综合考虑

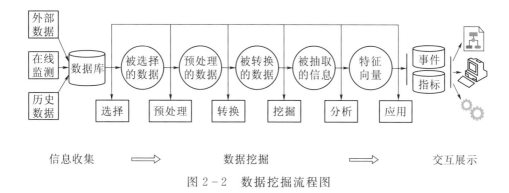

图 2－2　数据挖掘流程图

人员安排、检修器具、备品备件、水情、电力市场需要等多方面的因素，综合分析论证安全可靠性、经济效益性，进而制定最佳的检修策略，确定检修项目、内容和规模。在检修策略制定的过程中，可以充分利用检修仿真系统对检修过程中的工序、技术以及拆装方案进行模拟，从而制定出更加合理的检修策略。智慧检修的流程如图 2－3 所示。

2.3.4　评价反馈

　　智慧检修评价反馈主要包括设备健康状况评价与反馈、检修策略反馈、智能报告反馈等。利用大数据挖掘趋势分析系统以及数字孪生技术分析机组健康状况，以设备历史数据为基础，建立机组的健康模型、故障模型、最优性能模型，形成了机组健康度的基准值（Hth）。由计算机自动从设备的实时测点数据中建立设备运行的状态模型，自动对工业对象合成一个健康度（HPI）。机组健康度的基准值（Hth），实时与机组健康度（HPI）分析比较，当设备状态持续劣化可自动发布设备状态潜在故障的早期预警，根据趋势预警分析结果制定检修策略。智慧检修智能报告可根据故障特点，自动生成工作票、检修方案、工序卡等文件包，科学指导、管理、监督检修作业。同时，通过水电企业需求，整合检修队伍管理、检修任务分派等，实现检修管理的效率提升，解决水电检修季节性对人力资源的需求，降低检修

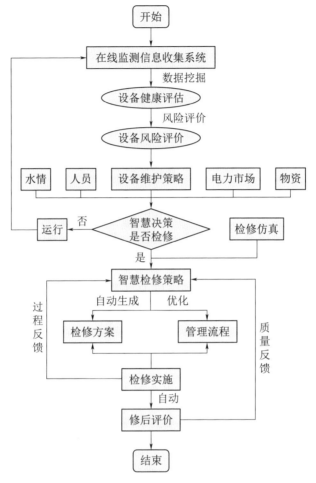

图 2-3   智慧检修流程图

成本。

　　评价反馈应根据趋势发展情况进行开展，水力发电企业可依据评估结果制订年度检修计划。设备智慧检修评估应在设备评价的基础上进行，并考虑安全、生产、环境等因素。设备智慧检修实施完成后，应开展检修后评价，主要内容为智慧检修工作体系的有效性、设备评价标准的科学性、检修策略的合理性、设备性能恢复与改善情况等。通过检修后评价不断完善检修策略、修订相关技术标准，持续改进智慧检修管理体系。

2.4　　智慧检修知识库

2.4.1 智慧检修知识库概述

　　知识库（Knowledge Base）的概念来自两个不同的领域，一个是人工智能及其分支——知识工程领域，另一个是传统的数据库领域。由人工智能（AI）和数据库（DB）两项计算机技术的有机结合，促成了知识库系统的产生和发展。知识库是基于知识且具有智能性的系统（或专家系统）。并不是所有具有智能的程序都拥有知识库，只有基于知识的系统才拥有知识库。许多应用程序都利用知识，其中有的还达到了很高的水平，但是，这些应用程序可能并不是基于知识的系统，它们也不拥有知识库。一般的应用程序与基于知识的系统之间的区别在于：一般的应用程序是把问题求解的知识隐含地编码在程序中，而基于知识的系统则将应用领域的问题求解知识显式地表达，并单独地组成一个相对独立的程序实体。知识库是第五代计算机的核心部分，同时又是智能控制系统、智能机器人、智能决策支持系统、专家系统等现代计算机技术系统的关键部件和基础。

　　知识库具有以下四个主要特点：

　　（1）知识库中的知识根据它们的应用领域特征、背景特征（获取时的背景信息）、使用特征、属性特征等而被构成便于利用的、有结构的组织形式。

　　（2）知识库的知识是有层次的。最底层是"事实知识"，中间层是用来控制"事实"的知识（通常用规则、过程等表示）；最高层是"策略"，它以中间层知识为控制对象。策略也常常被认为是规则的规则。因此知识库的基本结构是层次结构，是由其知识本身的特性所确定的。在知识库中，知识片间通常都存在相互依赖关系。规则是最典型、最常用的一种知识片。

（3）知识库中可有一种不只属于某一层次（或者说在任一层次都存在）的特殊形式的知识——可信度（或称信任度、置信测度等）。对某一问题，有关事实、规则和策略都可标以可信度。这样，就形成了增广知识库。在数据库中不存在不确定性度量。因为在数据库的处理中一切都属于"确定型"的。

（4）知识库中还可存在一个通常被称作典型方法库的特殊部分。如果对于某些问题的解决途径是肯定和必然的，就可以把其作为一部分相当肯定的问题解决途径直接存储在典型方法库中。这种宏观的存储将构成知识库的另一部分。在使用这部分时，机器推理将只限于选用典型方法库中的某一层体部分。

知识库可以使信息和知识有序化，这是知识库对组织的首要贡献。建立知识库，必定要对原有的信息和知识做一次大规模的收集和整理，按照一定的方法进行分类保存，并提供相应的检索手段。经过这样一番处理，大量隐含知识被编码化和数字化，信息和知识便从原来的混乱状态变得有序化。这样就方便了信息和知识的检索，并为有效使用打下了基础。

知识库加快知识和信息的流动，有利于知识共享与交流。知识和信息实现了有序化，其寻找和利用时间大大减少，也便自然加快了流动。此外，知识库还有利于实现组织的协作与沟通，可以帮助企业实现对知识的有效管理等。智慧检修知识库在具备一般知识库的共性外，还有其特有的模块构成。智慧检修知识库通常由故障库、方案库、常用模型库、算法库等组成。

2.4.2　智慧检修知识库关键技术

2.4.2.1　数据驱动

数据驱动是 2011 年全国科学技术名词审定委员会公布的语言学名词。数据驱动是一种问题求解方法，它从初始的数据或观测值出发，运用启发式规则，寻找和建立内部特征之间的关系，从而发现一些定理或定律。通常也指基于大规模统计数据的自然语言处理方法。

2.4.2.2　失效模式和效果分析

失效模式和效果分析（Failure Mode and Effect Analysis，FMEA），是一种用来确定潜在失效模式及其原因的分析方法。FMEA 是在产品设计阶段和过程设计阶段，对构成产品的子系统、零件，对构成过程的各个工序逐一进行分析，找出所有潜在的失效模式，并分析其可能的后果，从而预先采取必要的措施，以提高产品的质量和可靠性的一种系统化的活动。

FMEA 开始于产品设计和制造过程开发活动之前，并指导贯穿实施于整个产品周期。FMEA 是一种分析系统中每一产品所有可能产生的故障模式及其对系统造成的所有可能影响，并按每一个故障模式的严重程度、检测难易程度以及发生频度予以分类的归纳分析方法。FMEA 实际上意味着是事件发生之前的行为，并非事后补救。因此要想取得最佳的效果，应该在工艺失效模式在产品中出现之前完成。

使用 FMEA 管理模式可以在早期确定项目中的风险，指出设计上可靠性的弱点，提出对策；针对要求规格、环境条件等，利用实验设计或模拟分析，对不适当的设计，实时加以改善，节省无谓的损失；可缩短开发时间及开发费用；改进产品的质量、可靠性与安全性。

2.4.2.3　以可靠性为中心维修

以可靠性为中心维修（Reliability - Centered Maintenance，RCM），指按可靠性工程原理组织维修的一种科学管理策略。即按最少维修资源消耗，保持设备固有可靠性和安全性的预防性维修的原理、逻辑或系统性方法。它的基本思路是：对系统进行功能与故障分析，明确系统内各故障后果；用规范化的逻辑决断程序，确定各故障后果的预防性对策；通过现场故障数据统计、专家评估、定量化建模等手段在保证安全性和完好性的前提下，以最小的维修停机损失和最小的维修资源消耗为目标，优化系统的维修策略。它是目前国际上流行的、用以确定设备预防性维修工作、优化维修制度的一种系统工程方法，也是发达国家军队及工业部门制定军用装备和设备预防性维修大纲的首选方法。

RCM 的基本观点认为，装备的固有可靠性与安全性是由设计制造赋予的特性，有效的维修只能保持而不能提高它们。RCM 特别注重装备可靠性、安全性的先天性。如果装备的固有可靠性与安全性水平不能满足使用要求，那么只有修改设计和提高制造水平。因此，想通过增加维修频数来提高这一固有水平的做法是不可取的。维修次数越多，不一定会使装备越可靠、越安全。

产品（项目）故障有不同的影响或后果，应采取不同的对策。故障后果的严重性是确定是否做预防性维修工作的出发点。在装备使用中故障是不可避免的，但后果不尽相同，重要的是预防有严重后果的故障。故障后果是由产品的设计特性所决定的，是由设计制造而赋予的固有特性。对于复杂装备，应当对会有安全性（含对环境危害）、任务性和严重经济性后果的重要产品，才做预防性维修工作。对于采用了余度技术的产品，其故障的安全性和任务性影响一般已明显降低，因此可以从经济性方面加以权衡，确定是否需要做预防性维修工作。

产品的故障规律是不同的，应采取不同方式控制维修工作时机。有耗损性故障规律的产品适宜定时拆修或更换，以预防功能故障或引起多重故障；对于无耗损性故障规律的产品，定时拆修或更换常常是有害无益，更适宜于通过检查、监控，视情况进行维修。

对产品（项目）采用不同的预防性维修工作类型，其消耗资源、费用、难度与深度是不相同的，可加以排序。对不同产品（项目），应根据需要选择适用而有效的预防性维修工作类型，从而在保证可靠性与安全性的前提下，节省维修资源与费用。

对于民用设备，RCM 分析的结果给出的是设备的预防性维修工作项目、具体的维修间隔期、维修工作类型（或方法）和实施维修的机构。对于民用企业来讲，通过 RCM 分析将产生如下四项具体的成果：

（1）供维修部门执行的维修计划。

（2）供操作人员使用的改进了的设备使用程序。

（3）对不能实现期望功能的设备，列表指出哪些地方需改进设计或改变操作程序。

（4）完整的 RCM 分析记录文件为以后设备维修制度的改进提供了可追踪的历史信息和数据，也为企业内维修人员的配备、备件备品的储备、生产与维修的时间预计提供基础数据。

通过 RCM 分析所得到的维修计划具有很强的针对性，避免了"多维修、多保养、多多益善"和"故障后再维修"的传统维修思想的影响，使维修工作更具科学性。实践证明：如果 RCM 被正确运用到现行的维修中，在保证生产安全性和设备可靠性的条件下，可将日常维修工作量降低 40%～70%，大大地提高了资产的使用率。

随着生产自动化程度的不断提高，维修在现代企业中的地位也日益重要。据统计，现代企业中，故障维修和停机损失费用已占其生产成本的 30%～40%。有些行业，维修费用已跃居生产总成本的第二位，甚至更高。另外，环境保护与安全生产行业的立法越来越严格，故障控制与预防必然成为现代企业管理所面临的重要课题，而 RCM 正是解决这一课题的关键手段之一。

2.4.2.4　趋势预警

趋势预警是通过对数据的分析达到对未来的某个节点可能发生的危险进行预测。从时间逻辑中来看和实时监控是有着本质的区别的，实时监控具有事后性，而趋势预警具有事先性。趋势预警系统是通过先建立模型，然后给模型一些超出常规的数据，对预警的效果进行反复测试，看能否正常工作，测试通过后方可投入正常的生产当中。具体的步骤如下。

第一步，对需要监测的参量根据业务流程进行分类，根据每个类别去采集它以往的数据，这些数据包括正常生产的数据和可能发生危险的数据。

第二步，数据采集后，根据正常状况下生产的数据进行建模，确定重大危险源正常生产的一个安全数据区间，若生产过程中的生产数据超出了安全生产数据区间，系统就能对这个数据进行分析，通过数据的变化趋势预测出可能出现的危险，并进行报警。

第三步，实时数据的引入。建模测试通过后，就可将实时的生产数据引入该系统中，通过和系统划分的安全数据区间进行比对，一旦超出安全生产的数据范围，系统就会对这些数据的趋势进行分析，并根据数据的分析情况进行报警。

趋势预警具有以下特点：

首先，该系统的安全数据的范围不是人为地去划定的，而是根据之前的安全生产的数据进行分析得出的。这样是为了最大限度地保证数据客观性和准确性，提高了警报的准确性，减少了误报次数。

其次，安全数据的范围不仅是指每个节点的实时数据，也包括数据的动态波动区间。在安全生产的过程中，有些数据是不断变化的，这些数据的波动范围和频率也是有一定安全范围的，当生产中某一数据的波动范围和频率超出了安全生产的范围，系统也会进行分析，对可能发生的危险进行报警。

最后，生产过程中通过节点得到的各种数据是海量的，人为分析这些数据是很困难的。即使让系统来分析这些数据，得到的结果也不是直观的生产状况。所以该系统的另一个特点就是，在数据采集过程中先对工作流程进行分类，根据每个流程在生产中的权值，进行一个加权的叠加，把每个流程的生产状态抽象成一个数字，使得运行状态一目了然，让生产企业的生产管理更简单科学。

2.4.2.5　聚类分析

聚类分析（Cluster Analysis）是一组将研究对象分为相对同质的群组的统计分析技术。聚类分析指将物理或抽象对象的集合分组为由类似的对象组成的多个类的分析过程。聚类分析的目标就是在相似的基础上收集数据来分类。聚类源于很多领域，包括数学、计算机科学、统计学、生物学和经济学。在不同的应用领域，很多聚类技术都得到了发展，这些技术方法被用作描述数据，衡量不同数据源间的相似性，以及把数据源分类到不同的簇中。

聚类与分类的不同在于，聚类所要求划分的类是未知的。聚类是将数据分类到不同的类或者簇这样的一个过程，所以同一个簇中的对象有很大的相似性，而不同簇间的对象有很大的相异性。

从统计学的观点看，聚类分析是通过数据建模简化数据的一种方法。传统的统计聚类分析方法包括系统聚类法、分解法、加入法、动态聚类法、有序样品聚类法、有重叠聚类法和模糊聚类法等。采用 K - 均值、K - 中心点等算法的聚类分析工具已被加入到许多著名的统计分析软件包中，如 SPSS、SAS 等。

从机器学习的角度看，簇相当于隐藏模式。聚类是搜索簇的无监督学习过程。与分类不同，无监督学习不依赖预先定义的类或带类标记的训练实例，需要由聚类学习算法自动确定标记，而分类学习的实例或数据对象有类别标记。聚类是观察式学习，而不是示例式的学习。

聚类分析是一种探索性的分析，在分类的过程中，人们不必事先给出一个分类的标准，聚类分析能够从样本数据出发，自动进行分类。聚类分析所使用方法的不同，常常会得到不同的结论。不同研究者对于同一组数据进行聚类分析，所得到的聚类数未必一致。

从实际应用的角度看，聚类分析是数据挖掘的主要任务之一。而且聚类能够作为一个独立的工具获得数据的分布状况，观察每一簇数据的特征，集中对特定的聚簇集合作进一步地分析。聚类分析还可以作为其他算法（如分类和定性归纳算法）的预处理步骤。

聚类分析主要步骤一般有数据预处理、为衡量数据点间的相似度定义一个距离函数、聚类或分组、评估输出。聚类分析是数据挖掘中的一个很活跃的研究领域，并提出了许多聚类算法。传统的聚类算法可以被分为五类：划分方法、层次方法、基于密度的方法、基于网格的方法和基于模型的方法。

（1）划分方法（Partitioning Method）首先创建 k 个划分，k 为要创建的划分个数；然后利用一个循环定位技术通过将对象从一个划分移到另一个划分来帮助改善划分质量。

（2）层次方法（Hierarchical Method）创建一个层次以分解给定的数据集。该方法可以分为自上而下（分解）和自下而上（合并）两种操作方式。为弥补分解与合并的不足，层次方法经常要与其他聚类方法相结合，如循环定位。

（3）基于密度的方法，根据密度完成对象的聚类。它根据对象周围的密度（如 DBSCAN）不断增长聚类。

（4）基于网格的方法，首先将对象空间划分为有限个单元以构成网格结构；然后利用网格结构完成聚类。

（5）基于模型的方法，它假设每个聚类的模型并发现适合相应模型的数据。

传统的聚类算法已经比较成功地解决了低维数据的聚类问题。但是由于实际应用中数据的复杂性，在处理许多问题时，现有的算法经常失效，特别是对于高维数据和大型数据的情况。因为传统聚类方法在高维数据集中进行聚类时，主要遇到两个问题：①高维数据集中存在大量无关的属性使得在所有维中存在簇的可能性几乎为零；②高维空间中数据较低维空间中数据分布要稀疏，其中数据间距离几乎相等是普遍现象，而传统聚类方法是基于距离进行聚类的，因此在高维空间中无法基于距离来构建簇。

高维聚类分析已成为聚类分析的一个重要研究方向。同时高维数据聚类也是聚类技术的难点。随着技术的进步使得数据收集变得越来越容易，导致数据库规模越来越大、复杂性越来越高，如各种类型的贸易交易数据、Web 文档、基因表达数据等，它们的维度（属性）通常可以达到成百上千维，甚至更高。但是，受"维度效应"的影响，许多在低维数据空间表现良好的聚类方法运用在高维空间上往往无法获得好的聚类效果。高维数据聚类分析是聚类分析中一个非常活跃的领域，同时它也是一个具有挑战性的工作。高维数据聚类分析在市场分析、信息安全、金融、娱乐、反恐等方面都有很广泛的应用。

2.4.2.6　人机交互

人机交互（Human-Computer Interaction 或 Human – Machine Interaction，HCI 或 HMI），是一门研究系统与用户之间的交互关系的学问。系统可以是各种各样的机器，也可以是计算机化的系统和软件。人机交互界面通常是指用户可见的部分。用户通过人机交互界面与系统交流，并进行操作。小如收音机的播放按键，大至飞机上的仪表板，或发电厂的控制室。人机交互界面的设计要包含用户对系统的理解（即心智模型），那是为了系统的可用性或者用户友好性。

人机交互的发展历史，是从人适应计算机到计算机不断适应人的发展史。它经历了几个阶段：

（1）早期的手工作业阶段。当时交互的特点是由设计者本人（或本部门同事）来使用计算机，他们采用手工操作和依赖机器（二进制机器代码）的方法去适应现在看来十分笨拙的计算机。

（2）作业控制语言及交互命令语言阶段。这一阶段的特点是计算机的主要使用者——程序员可采用批处理作业语言或交互命令语言的方式和计算机打交道，虽然要记忆许多命令和熟练地敲键盘，但已可用较方便的手段来调试程序、了解计算机执行情况。

（3）图形用户界面（GUI）阶段。GUI 的主要特点是桌面隐喻、WIMP 技术、直接操纵和"所见即所得（WYSIWYG）"。由于 GUI 简明易学，减少了敲键盘，实现了"事实上的标准化"，因而使不懂计算机的普通用户也可以熟练地使用，拓展了用户人群。它的出现使信息产业得到空前的发展。

（4）网络用户界面阶段。以超文本标记语言 HTML 及超文本传输协议 HTTP 为主要基础的网络浏览器是网络用户界面的代表。由它形成的万维网（World Wide Web，WWW）已经成为当今因特网（Internet）的支柱。这类人机交互技术的特点是发展快，新的技术不断出现，如搜索引擎、网络加速、多媒体动画、聊天工具等。

（5）多通道、多媒体的智能人机交互阶段。以虚拟现实为代表的计算机系统的拟人化和以手持电脑、智能手机为代表的计算机的微型化、随身化、嵌入化，是当前计算机的两个重要的发展趋势。而以鼠标和键盘为代表的 GUI 技术是影响它们发展的瓶颈。利用人的多种感觉通道和动作通道（如语音、手写、姿势、视线、表情等输入），以并行、非精确的方式与（可见或不可见的）计算机环境进行交互，可以提高人机交互的自然性和高效性。

在计算机发展历史上，曾经，人们很少注意计算机的易用性，但是现在，很多计算机用户抱怨计算机制造商在如何使其产品实现"用户友好"这方面没有投入足够的精力。而反过来，这些计算机系统开发商也在抱怨，他们的理由是：设计和制造计算机是一个很复杂的工作，光是研究如何在新领域能够应用计算机的问题就已经占用了他们的大部分精力，实在是没有多余的精力来研究如何提高计算机的易用性了。

人机交互（HCI）的一个重要问题是：不同的计算机用户具有不同的使用风格——他们的教育背景不同、理解方式不同、学习方法以及具备技能都不相同，比如，一个左撇子和普通人的使用习惯就完全不同。另外，还要考虑文化和民族的因素。其次，研究和设计人机交互需要考虑用户界面技术的变化迅速，新的交互技术可能不适用于以前的研究。此外，当用户逐渐掌握了新的接口时，他们可能提出新的要求。

第 3 章

智慧检修的技术框架

3.1　智慧检修的目标路径

　　智慧检修通过对设备的数据采集、分析评价、检修工作管理等信息化手段，实现检修管理效率及设备效益的提升。

　　数据采集除包括传感器和采集设备外，还包括采集后数据的汇聚、存储、加工和展示，统筹考虑数据采集内容和传输通道，建成检修中心统一的数据存储和共享平台。通过各种传感器和变送器完成物理信号到电信号转换，经数据采集装置处理后形成数字量，存入实时数据库并实现共享，供后续挖掘。系统利用各种分析方法和算法工具对这些数据进行分析计算处理，最终形成各类功能指标，通过网络应用模块进行展示和人机交互，建成检修中心全景监视中心。

　　分析评价则利用设备所有相关测点结合不同历史运行工况数据建立不同的模型。建模算法应是机器学习算法，是由计算机从工业设备的实时测点数据中建立设备运行的状态模型的算法，建模过程完全由计算机自动实现。算法模型自动对工业对象的实时状态进行在线评估状态感知。对数据之间的关联和隐含信息进行深度挖掘，用设备当前状态工况测点所组成的即时模型来和基准对照，以健康度曲线（HPI）

显示当前设备的运行健康与否。设备状态持续劣化并与"健康曲线"的差值增大到一定程度时，自动发布设备状态潜在故障的早期预警，对设备作出状态评价，通过对设备运行大数据深度挖掘和动态分析后，自动给出诊断结果，自动预警潜在风险，自动给出检修策略，自动生成检修方案，进行检修决策、方案审定、调配物资工器具及备品备件，集控检修管理工作，实现人与机、人与人互联。

检修工作管理根据风险预警及故障，与生产管理系统联动，开启检修工作。检修任务工单生成后，自动提供工器具、备品备件等信息，自动生成工作票、检修方案、工序卡等文件包，科学指导、管理、监督检修作业。检修结束后，检修最新数据通过移动端录入系统，形成闭环管理。

3.2 智慧检修的实施规划

3.2.1 实施原则

智慧检修就是通过对发电设备进行静态和动态的监测和诊断，掌握设备的性能和健康状况，然后进行综合分析和评价，最终作出检修决策和计划的过程。智慧检修总体流程如图 3-1 所示。

智慧检修的实施应遵循以下基本原则。

（1）智慧检修是一项复杂的系统工程，它涉及水电站的各专业和多种学科，因此，推行智慧检修的关键是对工作全过程的领导和管理，建立一个组织严明、责任明确、标准统一、协调工作的网络体系。

（2）实施智慧检修是建立在水力发电设备的基础管理工作之上的，没有诸如原始记录、设备台账、规程制度、图纸技术资料、人员培训等基础管理工作，就不可能管理好设备，实施智慧检修也就是一句空话。因此推行智慧检修首先必须做好发电设备的基础管理工作。

（3）发电设备智慧检修是科学技术发展、人类进步的产物，因此，

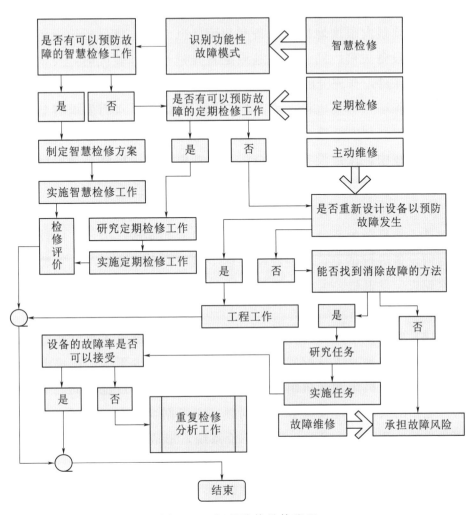

图 3-1　智慧检修总体流程

加强人员综合技能素质的培训，加强各部门的沟通交流，提高管理技巧，造就一批高素质人才是推行智慧检修建设的基本保证。

（4）先进的检测、诊断、分析技术和装备是实施智慧检修的必要手段。因此，必须加强对智慧检修的技术组织、信息的综合应用、技术工艺改进工作的管理和协调。

（5）发电设备实施智慧检修必须坚持"安全第一"的思想，遵循以效益为中心的原则。在实施智慧检修的过程中，一定要按科学规律办事，既要最大限度地提高设备利用率，也要防止盲目延长设备维修间隔造成设备失修。同时在引进或配置先进技术和装配时，要根据自身的客观条件，作充分的技术经济分析。

（6）保证水力发电设备安全稳定运行是前提。水力发电智慧检修管理必须坚持"安全第一"和"以效益为中心"的统一。在开展智慧检修的过程中，保证设备的安全运行是首要原则，检修必须围绕设备的安全可靠性进行。

（7）逐步实施、分步开展。开展智慧检修是对现行检修管理体制的改革，是复杂的系统工程，需要不断探索和实践。因此，应针对较完善的设备进行试点，取得经验后逐步推广。也可针对单个重要设备如水轮机、发电机、主变压器或断路器以及机组的辅助设备等分别进行，在取得经验后逐渐扩展。新旧设备的检修可能面临着不同的选择。

（8）要具体情况具体分析，不能一概而论。由于各水电站的地理位置、机组水平及人员配置的不同，河流泥沙多少不同，新水电站和老水电站、新机组和老机组的区别等，工作中侧重点也不同，一定要根据电站的实际情况安排和考虑问题。应根据当前实际情况，积极采用先进的监测诊断技术及可靠性评价系统，形成集预防性检修和以可靠性为中心的智慧检修为一体的优化检修模式。

（9）传统的好的检修模式不能摒弃，要与智慧检修相结合。智慧检修依靠先进的监测设备来实现，传统检修模式中的人工试验及离线数据应与智慧检修相结合，综合分析，共同为智慧检修建设奠定基础。

3.2.2 组织管理

为保障智慧检修实施落地，必须要建立健全智慧检修组织管理体系，该体系按照技术构架和实施原则分为决策层、专业层和执行层。

（1）决策层的主要职责有：

1）制定开展发电设备智慧检修的目标和相关规定。

2）审批实施设备智慧检修的计划、进度安排。

3）审批设备智慧检修的管理制度、工作流程。

4）建立实施设备智慧检修的组织机构，明确相关职责。

5）根据专业层提出的智慧检修建议，确定检修策略。

（2）专业层的主要职责有：

1）编制和修订智慧检修计划，制定实施智慧检修的管理制度和工作流程。

2）制定设备状态评价标准。

3）指导执行层开展设备智慧检修工作。

4）审核执行层提出的设备状态诊断分析和状态评价报告。

5）组织设备智慧检修评估，汇总设备智慧检修评估报告和智慧检修建议。

6）总结和评价智慧检修的实施效果。

（3）执行层的主要职责有：

1）负责设备检查、维护、测试和数据采集。

2）对设备进行诊断分析、趋势分析，提出相应建议。

3）对设备缺陷、异常等进行跟踪分析，提出设备维修建议。

4）提交检修运行报告。

3.2.3　实施基础

智慧检修的实施过程具体到设备时，可以简单概括为检测、分析和诊断、预测、检修决策、检修实施、检修评估。但事实上，智慧检修不仅仅是一个只牵涉到检修对象的微观问题，而是涉及经营、管理、技术的综合性问题。可以说，智慧检修的实施，50％以上要取决于管理工作，因此智慧检修的实施需要做好调查、评价、指定实施方案。

3.2.3.1　调查

水力发电智慧检修工作的开展，必须紧密联系生产实际。在实施智慧检修之前，工作人员应该对水电站的方方面面进行充分调查研究，为方案的制定、有关技术支持系统的开发或引进、检修实施和最终的效果评估提供翔实的第一手资料。调查的内容包括：

（1）水电站设备基本情况：装机容量、制造商、型号与投运时间、机组运行方式等。

（2）发电机组运行和维修的基本情况：机组运行性能参数、停运的主要原因、机组现行检修模式和检修周期。

（3）水电站期望的目标：通过智慧检修要达到的目标，检修工作的考核指标。

3.2.3.2　培训

在实施智慧检修前应对水电站参加该工作的所有人员分层次进行培训，提高智慧检修知识水平。智慧检修能尽早获得成功的关键是让所有员工理解其基本原理及包含的过程，这必须通过认真的培训工作完成，特别是对领导、管理人员和重要技术人员的培训。培训课程包括检修决策、检修管理、技术实施、检修评估、设备可靠性评价等方面。

具体实施人员对智慧检修知识的掌握程度是确保智慧检修计划和技术实施成功的关键因素之一。在智慧检修具体实施之前，培训应尽可能多的涉及全体员工。培训重点放在智慧检修的基本原理、实施过程，尤其是技术运用上。例如，常见的静态诊断仪器的使用（如红外热成像仪的使用）、润滑油分析技术、在线监测诊断系统使用以及其他一些相关的新技术知识。

水电站在推行智慧检修工作时，需要得到上级有关管理和技术机构的全过程支持，各种、各层次培训更是要从一开始就经常性地进行，这样才能使智慧检修工作能在一个较高的水平上健康持久地开展下去。

3.2.3.3　评价

评价已有的运行管理系统，找出其适合智慧检修的部分，它必须能支持智慧检修任务决策。这项工作需要得到水电站的支持，是优化维修项目的关键之处。

　　将评价得到的技术条件、要求、规格列出来，详细提出对现有系统的一体化要求。与系统开发专家或提供商进行技术交流，以便更好的利用现有条件开展智慧检修工作，在充分考虑水电站所需的特殊功能和运行维修工作站要求后，对必要的新系统，作出开发或采购计划。最终的一体化系统至少应该有如下功能：①设备数据记录；②维修任务数据库管理；③工作程序的创立；④工作任务的跟踪；⑤维修任务分步控制；⑥维修规划和时间计划。

　　在上述工作的基础上，要制定评价实施方案。其中考虑的重点是设备对水力系统可靠性的影响，设备可靠性评价的目的是从成本、效益、安全和环境的角度系统评价设备对生产过程的重要性。这项工作的目的是要确定水电站设备维修的关键因素。要完成的任务有：

　　(1) 确定可靠性评价的范围，作出评价程序。可靠性评价按设备的功能划分层次，必须确定各层次要考虑的参数和系统范围，制定明确的工作要求，准备标准数据采集表，定义过程和系统的专有名称，提出对设备和系统重要程度的评价程序。

　　(2) 水电站设备参数重要性排序。根据操作规程，运行要求等文件对设备主要参数的重要性进行排序。

　　(3) 为设备的可靠性评价挑选参数。

　　(4) 对设备的全面可靠性评价。选择实施智慧检修的关键系统或设备后，对其进行全面可靠性评价，在这个阶段应该完成如下工作：①原始数据采集；②系统界面确认；③故障模式分析；④运行维修工作站功能设计；⑤关键和非关键设备名单确定；⑥对现有任务的审查与确认。

　　(5) 由可靠性评价优化检修任务。

　　1) 根据上述划分的系统，由对水电站设备影响程度决定重要参数的选择和系统的排序。

　　2) 根据设备对系统操作的影响、对系统可靠性的影响以及对维修费用的影响来评价设备的重要性。

3）通过对设备排序，确定关键设备的名单，并根据关键设备自身的可靠性，提出优先维修的建议。

4）根据关键设备优先维修顺序，分析维修任务。综合利用水电站现有工程技术人员的知识经验、现场数据、设备历史数据，进行失效模式及后果分析，最终确定恰当的维修任务，准确有效地减少设备故障。

5）对关键设备进行了维修任务分析后，将设备清单分解为更细的部分，继续对剩余的设备进行排序。可根据其重要性的大小，安排故障维修、计划定修或智慧检修。

3.2.3.4　总结

通过总结成功检修的经验和不成功的教训，分析检修策略，明确现有方法的优缺点，改进并实施新的检修策略，这是进行检修工作评价要达到的核心目标：

（1）总结整理数据和资料，明确智慧检修方向和目标。

（2）建立和调整智慧检修步骤，调整工作内容和目标，强调智慧检修技术实际可操作性。

（3）形成详细的实施方案。

（4）明确目前方案需要改进的方向。

3.2.4　实施步骤

智慧检修实施主要可以归纳为四个基本步骤。

1. 水电站评估

水电站评估要解决的问题，一是明确水电站实施智慧检修要达到什么目标，即水电站究竟需要什么，这个需求表达得越具体越好。二是对设备可靠性以及重要度的评估，这个评估的结果将决定整个检修策略。三是对现行的设备管理体系进行评估，明确可以支持智慧检修的技术、装备、系统和管理体系。同时，也进一步明确，为了达到预定的目标，还需要什么技术支持和管理手段。四是对现有的技术和管理方式进行研究，找出能为水电站所用的成熟的产品、系统和解决方案。对于没有现场产品或服务的项目，确定技术开发的原则，选定合作的厂商。

2. 夯实基础管理工作

智慧检修的基础管理工作有四个方面，一是不同层次的人员培训和智慧检修实施中的人员组织。二是完善设备的基本管理体系，继续发挥和改进被生产实践证明有效的管理功能，以适应智慧检修的需要。三是实现计算机化的维修管理系统，它应该反映智慧检修的管理要求，并集成那些成功的基本管理思想。四是运行维修工作站的实现。

3. 做好基础技术工作

智慧检修的实现离不开先进技术的支持，但是在寻求新的技术之前应该首先完善已经采用的技术，使之能为智慧检修服务。在此基础上，再确定要补充的、新的技术手段，从而构建完整的技术平台。引进新的技术、产品、系统和服务应该经过严格的论证，平衡投入和收益的关系，最终寻求到理想的技术合作和技术支持伙伴。

4. 实施和完善

在上述步骤完成后，可以逐步实施智慧检修。逐步实施的含义在于选择部分设备或选择设备的部分检修项目开始实施，取得经验，不断推广。经验的取得依靠对检修工作和检修效果的评价，包括对检修本身的评价和是否达到水电站预计目标的评价。评价的结果将作为完善检修策略和检修方案的修正意见反馈给管理部分。

3.3　智慧检修的生态架构

3.3.1　智慧检修的总体架构

智慧检修总体按照"一三一"的架构模式进行建设，即"一个平台、三个系统、一个中心"。智慧检修总体架构如图 3-2 所示。

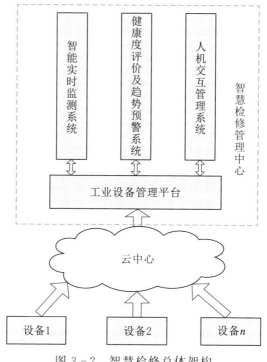

图 3-2　智慧检修总体架构

"一个平台"是指建设一个工业设备管理平台，强化物联网建设，对各类专业设备信息进行集中数据标准化收集、存储和开发应用。

"三个系统"是指智能实时监测系统、健康度评价及趋势预警系统和人机交互管理系统。智能实时监测系统从公司云中心读取数据，提取特征值，对设备各个部件的状态进行实时监测和在线故障分析，自动预判潜在风险。健康度评价及趋势预警系统采用历史数据建模技术的机器学习引擎，通过对历史工况的大数据分析、算法计算，实现对设备整体的健康、安全、性能等的状态预测分析和故障的早期预警，自主决策检修建议。人机交互管理系统及时推送异常信息给相关管理人员，自动生成工作任务、检修方案、工序卡等文件包，科学指导、管理、监督检修作业，实现人与机、人与人互联，达到检修管理自我演进的目的。

"一个中心"指建设一个智慧检修管理中心，配备工程师站，分析设备故障信息，进行检修决策、方案审定、调配物资工器具及备品备件，集控检修管理工作。

"一个平台"和"三个系统"关注数字化、网络化、智能化和在此基础上形成的物与物的连接，"一个中心"更加注重人的因素，关注物与人的互联互通。智慧检修强调数据驱动管理，采用技术创新和管理创新的两轮驱动模式，将信息技术、工业技术和管理技术深度融合，实现"智慧"的检修管理。

3.3.2　工业设备管理平台

工业设备管理平台是设备全生命周期管理平台。平台作为检修数据中心的载体，集成了智能实时监测系统、健康度评价及趋势预警系统和人机交互管理系统三大基础板块，并集成了其他功能，具有良好的可拓展性。其主要功能有：

（1）监测中心包括告警与预警、重点关注、在线监测、工业电视、监测装置、监测阈值等管理功能。

（2）评价中心包括设备台账、状态评价、风险评估、运检策略、评价模型等管理功能。

（3）诊断中心包括故障树诊断、油色谱诊断、机组状态诊断、机组健康诊断等。

3.3.3　智能实时状态监测系统

智能实时状态监测系统依托于工业数据挖掘平台，将水力发电设备分为定子、转子、导水机构等设备单元，汇集了水轮发电机组及辅助设备重要指标量，集成了电力生产所需数据信息，具备实时数据的采集、汇聚、存储、共享、分布等功能，在线分析计算各种特征量和指标量，对机组各个部件的状态进行实时监测和故障分析、精准定位。同时，该系统还具有机组效率特性三维图分析、机组轴线分析、振动频谱分析等功能，辅助技术人员分析机组故障。其主要功能包括：

（1）运行监视：对运行数据进行集中展示，可对运行数据进行查询。

（2）获得健康指标：实时采集设备运行参数的海量数据，对评价指标自动计算得出健康指标，确定机组轴系、转子、定子、轴承等部件的健康状态。

（3）获得运转特性：通过用中间量、水头、导叶开度三个量运算形成的三维模型，从中提取运行特性。通过该模型可得出机组的最优工况。

（4）趋势预警：通过三维建模之后进行小波变换，对特征值的变化速率进行计算，当变化速率超过了设定值则进行预警和报警。

（5）专业分析：包含数值分析、频谱分析、轴线分析、气隙分析及 3D 模型分析。

3.3.4　健康度评价及趋势预警系统

健康度评价及趋势预警系统是通过对历史工况的大数据分析、运用超球建模方法，对机组整体的健康、安全、性能等实现在线感知计算和状态预测分析，起到早期预警、预测作用。该系统以设备历史数据为基础，创造性地应用超球建模方法，建立机组的健康模型、故障模型、最优性能模型，形成了机组健康度的基准值（Hth）。由计算机自动从设备的实时测点数据中建立设备运行的状态模型，自动对工业对象合成一个健康度（HPI）。实时将机组健康度曲线（HPI）与机组健康度的基准值（Hth）分析比较，当设备状态持续劣化可自动发布设备状态潜在故障的早期预警，成功实现机组运行工况的大致趋势走向预测。其主要功能包括：

（1）设备健康状态大数据建模：对设备的实时运行数据的自动提取，筛分出健康数据，建立机组设备的健康状态大数据模型。

（2）设备状态实时监测：通过大数据模型对设备状态在线评估，

实时监视设备的健康状态变化趋势。

（3）潜在故障早期预警：当设备实时健康度出现下降趋势，系统将及时给出潜在故障早期预警。

（4）预警关联因素分析：当故障预警发生时，通过关联计算，自动识别导致预警的主要关联因素。

（5）设备健康报告：定期生成设备健康报告，对设备的健康状态趋势、影响设备健康状况的主要因素等实现汇总分析。

3.3.5　人机交互管理系统

人机交互管理系统及时推送异常信息给相关管理人员，自动生成工作任务、检修方案、工序卡等文件包，科学指导、管理、监督检修作业，实现人与机、人与人互联，达到检修管理自我演进的目的。其主要功能包括：

（1）任务分解：将复杂的工作任务化繁为简逐步细化到组，落实到人。

（2）数据统计：按项目统计，展现任务的完成情况、完成数量、完成质量等；按人员统计，展现人员的工作安排、工作完成情况及工作绩效。

（3）进度展示：展示项目进展和每位员工的工作排期与饱和度。

（4）成果管理：过程资料、图片、视频等上传存档管理。

3.3.6　智慧检修管理中心

智慧检修管理中心是一个水力发电行业的"互联网＋"应用平台，是基于互联网、大数据系统及工业4.0体系，结合水力发电检修专业人员经验知识算法化形成的智慧检修算法库搭建的一个水力发电检修业务互联网应用。通过对水工设施、发电设备运行状态参数实时采集，形成各关键部位的状态变化趋势，利用大数据和智慧检修算法库，进行自动分析计算，对发电设备做出状态评价，自动预警潜在风险，自动定位故障点，自动生成检修策略，实现"风险识别自动化，管理决策智能化、纠偏升级自主化"的目标。目的是应用大数据互联网技术，结合专业的检修队伍，以互联网的业务模式，为广大水力发电企业提供便利专业的检修服务。

智慧检修管理中心可实现检修过程实时管理，在继承和发扬传统检修管理的成熟经验上，整合检修队伍管理、任务分派、质量验收等，实现检修管理的效率提升。目前，该中心实现了检修通知单下达、项目任务分解、施工进度管理、关键点见证、三级验收等功能。

第 4 章

智慧检修的管理模式

4.1 管理模式概述

4.1.1 典型管理模式

1. 金字塔形管理模式

该模式由科学管理之父弗雷德里克·温斯洛·泰勒（Frederick Winslow Taylor）创立。金字塔形管理模式是立体的三角锥体，等级森严，高层、中层、基层是逐层分级管理，这是一种在传统生产企业中最常见的组织形式。

在计划经济时代，该结构在稳定的环境下，在生产力相对落后的阶段、信息相对闭塞的时代，不失为一种较好的组织形态，它机构简单、权责分明、组织稳定，并且决策迅速、命令统一。但在市场经济条件下，在信息技术发达的今天，金字塔形管理模式则由于缺乏组织弹性，缺乏民主意识，过于依赖高层决策，高层对外部环境的变化反应缓慢，而突显出刻板生硬、不懂得应变的机械弊端。

2. 学习型组织管理模式

这是彼得·圣吉《第五项修炼——学习型组织的艺术与实践》中

提出的"通过大量的个人学习特别是团队学习，形成的一种能够认识环境、适应环境，进而能够能动地作用于环境的有效管理模式"。也可以说是通过培养弥漫于整个组织的学习气氛，充分发挥员工的创造性思维能力而建立起来的一种有机的、高度柔性的、扁平的、符合人性的、能持续发展的组织管理模式。

学习型组织为扁平化的圆锥形组织结构，金字塔式的棱角和等级没有了，管理者与被管理者的界限变得不再清晰，权力分层和等级差别的弱化，使个人或部门在一定程度上有了相对自由的空间，能有效地解决企业内部沟通的问题，因而学习型组织使企业面对市场的变化，不再是机械的和僵化的，而是"动"了起来。不过随着全球经济一体化和社会分工的趋势化，扁平化组织也会遇到越来越多的问题，在不断的分析问题、解决问题的过程当中，学习型组织"学习"的本质对人的要求将越来越高。

3. 中国式管理模式

什么是"中国式管理模式"呢？企业培训师贾长松认为：中国式管理模式强调中国文化在企业管理过程中的作用，同时也尊重现代管理思想在企业中的运用。另一种说法是："世界上没有所谓的美国式管理、欧洲式管理、日本式管理，或者是中国式管理，而只有成功的管理或失败的管理"。

中国式管理倡导者曾仕强认为，中国式管理模式以中国管理哲学来妥善运用西方现代管理科学，并充分考虑中国人的文化传统以及心理行为特性，以达成更为良好的管理效果。中国式管理其实就是合理化管理，它强调管理就是修己安人的历程。

4. 制度化管理模式

所谓制度化管理模式，就是指按照一定的已经确定的规则来推动企业管理。当然，这种规则必须是大家所认可的带有契约性的规则，同时这种规则也是责权利对称的。因此，未来的企业管理的目标模式是以制度化管理模式为基础，适当地吸收和利用其他几种管理模式的优点。

之所以这样说是因为制度化管理比较"残酷"，适当地引进一点亲情关系、友情关系、温情关系确实有好处。甚至有时也可以适当地对管理中的矛盾及利益关系做一点随机性的处理，"淡化"一下规则，因为制度化太呆板了，如果不适当地"软化"一下也不好办，终究被管理的主要对象还是人，而人不是一般的物品，人是有各种各样的思维的，是具有能动性的，所以完全讲制度化管理也不行。适当地吸收一点其他管理模式的优点，综合成一种带有混合性的企业管理模式。

4.1.2　智慧企业框架下的管理模型

4.1.2.1　智慧企业建设的核心要义

智慧企业，是建立在数据驱动基础上整体（系统）呈现人工智能特点的人机系统协同企业。智慧企业建设以"数据驱动、整体智能、人机协同"为关键词，其核心要义主要体现在以下四个方面：

（1）整体：从整体上强化物联网建设、深化大数据挖掘等新技术，推进组织流程创新、管理模式变革等，达成技术创新目标。

（2）融合：具备"数据驱动企业管理"和融入员工创新创效活力的功效，并同步推进将先进信息技术、工业技术与管理技术的深度融合，达成管理创新目标。

（3）实现：实现企业全要素的数字化感知、网络化传输、大数据处理和智能化应用，达成智能化建设目标。

（4）呈现：呈现出以"风险识别自动化、决策管理智能化、纠偏升级自主化"为特点的柔性组织形态和新型管理模式，达成组织变革的建设目标。

4.1.2.2　企业管理自动化

当前，国能大渡河流域水电开发有限公司（简称国能大渡河公司）正在积极推进自身的智慧企业建设。智慧企业实践的核心之一就是实现企业管理自动化。在企业数字化基础上，基于扁平化、平台化组织架构，在自动化流程机制下，重点解决企业规划预测、评估、决策等环节的管理自动化问题,通过打造分层级的"单元脑""专业脑"和"决策脑",实现自动预判、自主决策、自我演进。

(1) 自动预判:企业风险识别自动化。指企业通过业务量化,采集并生成大数据,应用最前沿的大数据分析处理技术,实现企业各类风险全过程识别、判定,并自动预警。

(2) 自主决策:企业决策管理智能化。指企业针对自动预判的不同层级的问题及风险,运用信息技术、人工智能技术,由企业各类"专业脑"自动生成应对问题及风险的方案,提交企业"决策脑"进行决策。

(3) 自我演进:企业变革升级智慧化。指企业随着各类原始数据和决策数据的不断累积,通过记忆认知、计算认知、交互认知三位一体的认知网络,实现自我评估、自我纠偏、自我提升、自我引领。企业逐渐呈现出数据驱动的管理形态和人工智能的特点。

综上所述,与传统企业相比较,智慧企业在企业要素、组织体系、运行方式、目标及形态上的管理模式与特点如图 4-1 所示。

4.1.2.3　过渡模型与理想模型

同时,考虑到管理变革的艰巨性、企业生产管理的特殊性和智慧企业建设的长期性,为了保证企业在管理变革的"动荡"中始终有蓝图可以参照,国能大渡河公司在智慧企业框架下定义了两大管理模型——过渡模型与理想模型。

1. 过渡模型

特点:层级管控与数据驱动管理相结合。这种层级管控与自主管理相结合的参考模型由决策脑、专业脑、单元脑分别为决策管理层、职能部门和基层单位提供相应支撑(图 4-2)。

适应对象:智慧企业建设的初级阶段。

过渡模型是以核心业务的数字改造和职能部门的专业整合为主,在保留原有泰勒管理组织架构的基础上,逐步添加和变革智慧企业管理体系要素,构建"双轨制"的运行机制,逐步增加原有管理体系对数

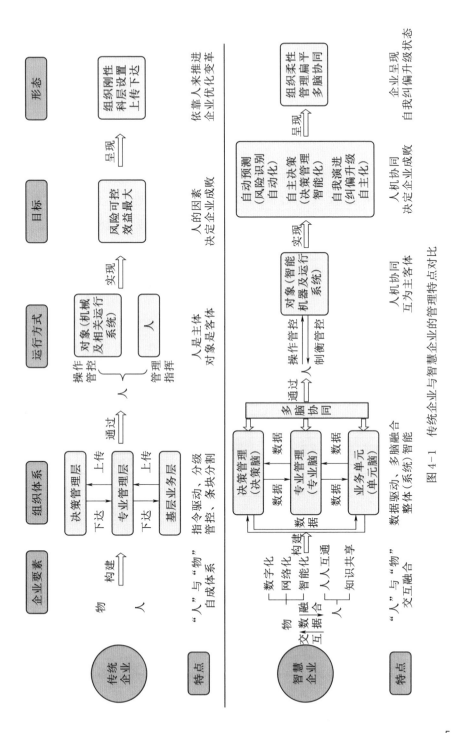

图 4-1　传统企业与智慧企业的管理特点对比

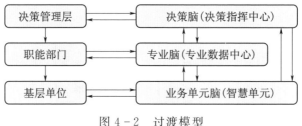

图 4 - 2　过渡模型

据驱动企业管理模式的依赖程度，度过智慧企业初级阶段。但同时也要注意到，这仅仅是过渡模型，鉴于各行业、各企业的"环境"因素不同，需要构建符合企业实情的智慧企业初级管理模型体系。

2. 理想模型

特点：数据驱动管理，业务部门围绕各种人工智能脑发挥规划、研发和服务保障等作用。这种自主管理高级模型，部门不再承担管理职能，而是为各种人工智能脑（决策指挥中心和专业数据中心）发挥规划、研发、服务、保障等作用，基层单位消失，取而代之的是专业分部（图 4 - 3）。

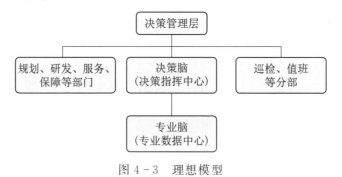

图 4 - 3　理想模型

适应对象：单一职能型企业、大型或集团管控型企业的高级阶段。

理想模型，完全实现了智慧企业管理体系的变革，以决策指挥中心为核心，往下依托各专业数据中心的数据决策，往上为公司决策管理层提供综合决策预案，同时以规划、研发、服务等部门来保障智慧企业管理、技术的先进性变革，采用巡检、值班等分部实现公司一线员工的专业集成和"智慧"转型。

在国能大渡河公司智慧企业的探索和实践中，需要从系统科学理论的角度，面对企业这一复杂系统，充分运用"云、大、物、移、智"（云计算、大数据、物联网、移动互联、人工智能）等信息技术，实现对企业资源要素及其运行的数字化采集，构筑企业数据资产和知识库，打造企业神经系统和智能中枢，实现企业多个层次的自我闭环、自动决策和自我演进。智慧企业是一个持续优化、主动演进的过程，就如人的智慧永无止境一样，智慧企业既是一种未来形态，也是一个过程，在演进过程中随时呈现出多种组织形态、管理模式和能力成熟度。

同时，从外部环境变化来看，水电企业在能源互联网时代，以能源革命与信息化变革为核心的发展是时代所向；从内部发展需求来看，2014 年国能大渡河公司率先在业界提出建设"智慧企业"，开始由传统的水电企业向智慧企业转变，并提出以"智慧企业"为建设背景的"设备检修"管理新模态——智慧检修。

4.2　检修管理模式的发展

4.2.1　技术迭代与检修管理模式的发展历程

设备检修及其管理模式的发展历程，从古至今（特别是以第一次工业革命蒸汽机诞生为代表的机械设备大量产生开始），总是伴随着科技进步与检修技术的迭代更新，大致经历以下发展历程（表 4-1）：

表 4-1　　　　　　　　检修管理模式的发展历程

模式	时间阶段	特　　点
事后检修	20 世纪初期	设备发生故障后再进行修理
计划检修	20 世纪 50 年代	对设备的定期检查，发现异常先予修理
状态检修	21 世纪初	根据设备的健康状态来安排检修计划，实施设备检修
智慧检修	近几年	智慧管理＋预测性检修

从表 4 - 1 可以看出，状态检修只对设备现有状态有认知，无法预测设备未来状态，并且未对管理流程进行研究讨论。而智慧检修则是融入预测检修与智慧管理，实现检修管理手段由事后检修、计划检修向精准检修、预测检修演进，是优于状态检修的一种新的检修模式。

需说明的是，本书中所谈到的智慧检修，并不否定传统的检修模式，只是更加赋予它时代的定义，是检修方式、方法、策略或检修模式的优化升级，比以前的检修模式具有更多的"智慧"含量，是一个相对的概念。

4.2.2　创建智慧检修管理模式的必要性

智慧检修作为一种先进的检修模式，在面对检修的客体（如：设备，也包括设施、水工建筑物枢纽的全部装置）与检修的主体（如：人或是机器人等）同时，涉及诸多组织管理问题，例如：检修管理中是否需要修、何时修、谁来修、如何修的问题。因此，科学、合理的体系架构建设，以及系统化、平台化的功能模块组成是水电智慧检修组织管理高效运转的前提和保障。

首先，检修模式是企业管理环节的一个重要组成部分。智慧检修作为一种先进的检修模式，是一个涉及管理、技术、经济等多方面的系统工程，它对管理水平的要求更高。

其次，智慧检修决策要综合考虑设备状况、人力、物力、财力、市场、企业发展规划等。检修决策同时也是企业经营决策。智慧检修的决策是建立在各种科学的分析之上的，其中的重要根据是检修风险分析结果。

最后，智慧检修需要大量描述设备状态及其演变过程的准确数据，其决策是建立在对复杂数据的科学统计分析之上的，这必须要有高水平信息管理的技术支持。

综上，创建智慧检修管理模式的必要性归纳起来有这样几点：

（1）形势所迫：新兴技术层出不穷（云计算、大数据、物联网、移动互联、人工智能、区块链等技术快速发展），传统的检修管理手段已跟不上新兴技术的发展。

（2）发展所需：需要以新技术、新模式、新管理去培育敏锐的市场洞察力和感知力。

（3）员工所求：由于思想僵化、管理行政化，部分关键领域和环节管控不够，员工追求柔性管理、舒适环境等诉求日益增多。

（4）条件所具：新时代员工对新技术的掌握越来越熟练，企业的软硬件实力不断增强。

4.3   智慧检修管理系统的构建

随着传统的管理体制和手段在智慧检修模式下已经显得力不从心，因此急需建立一套先进高效的管理工具，这就是基于大数据、云计算的智慧检修管理系统。智慧检修管理系统是检修企业检修管理工作的信息和通信支持系统，是企业实现综合自动化管理的一个重要组成部分。

4.3.1   智慧检修管理系统的建设现状与目标要求

4.3.1.1   智慧检修管理系统的建设现状

目前，世界各国都已经认识到大数据挖掘技术应用于设备检修中的重要意义，有多家技术公司厂商在致力于设备状态诊断平台的研制与开发，至少已经推出了 200 种各式的计算机化检修管理系统产品。在中国国内比较有影响的有美国 DATASTREAM 公司的资产管理和检修解决方案 MP2 系统、美国 PSDI 的设备检修系统 MAXIMO 等。这些系统将先进的计算机软硬件技术、网络通信技术和管理信息技术融入设备检修管理当中，给设备检修管理带来了效率与活力。

同时，国内水电站在智慧检修管理系统的选型时至少应考虑以下几个问题：研究和评估水电站检修管理的需求、评估状态诊断评价系统的功能特性、投资回报分析、采购综合决策、项目实施计划及时间表制定、人员培训。

但是，就目前智慧检修管理系统产品的设计思想和功能以及在国内应用情况来看，还存在许多需要进一步完善和改进的地方。

首先，就设备检修管理方式而言，大多数系统仍停留在定期检修模式基础之上，而不能完全适应智慧检修的需要，这些系统只能以预先编排好的检修计划和设备运行时间来安排调度检修工作，而不能依靠设备当前的状态和企业生产情况做出智慧检修的决策。

其次，这些系统主要集中于对于检修作业过程管理，而对设备状态的统计分析和故障趋势的预测功能不足。

最后，这些系统大多数为国外产品，国内此类研究起步较晚，成熟的系统不多，而国外产品尚未充分认识到我国工业生产和检修模式的特点与要求，特别是设备管理的现状，因而在适用性上面还存在不足。

因此，深入分析智慧检修模式的特点，学习和借鉴国外的先进经验，结合我国实际情况，研制具有中国特色以及具有自主知识产权的智慧检修管理系统非常具有现实意义。

4.3.1.2　智慧检修管理系统建设的目标要求

智慧检修管理系统根据故障特点，应能自动生成工作票、检修方案、工序卡等文件，科学指导、管理、监督检修作业。同时，通过业主需求整合、检修队伍管理、检修任务分派等实现人工检修的效率提升。初步实现风险识别的自动化和检修决策的智能化，有效提升设备安全可靠性，解决水电检修季节性对人力资源的需求，降低检修成本。

设备的检修是设备全过程管理的一个重要环节，智慧检修作为一种先进的检修模式，是建立在传统检修管理经验和先进科学技术的发展与应用的基础之上的。因此，智慧检修工作的管理不仅需要继承和发扬传统检修管理中的成熟经验，而且还需要研究和探讨在新的检修模式下所涉及的一系列管理方面的问题，如智慧检修工作的技术组织、数据的综合管理、检修风险分析与决策、备品备件的管理、具体实施过程的管理、相应设备管理政策的制定对检修效果的评估、专业人员的培训与机构的设置等。同传统检修管理相比，智慧检修管理工作最主要的改进是用科学的分析和组织方法融合传统的经验，进而代替主要依赖经验制定的检修规定、检修工艺及评估标准，使得检修作业更加标准化，提高检修质量。

4.3.2　智慧检修管理系统的建设架构

如图 4-4 所示的智慧检修管理系统架构，旨在按照"互联网＋智慧检修"的建设思路，构建"纵向贯通、横向集成"的流域级水电智慧检修管理系统，重点开发建设设备检修工作通知、实施、流程审批、作业审批汇报、电子签章的全程电子化操作，实现检修报告电子化生

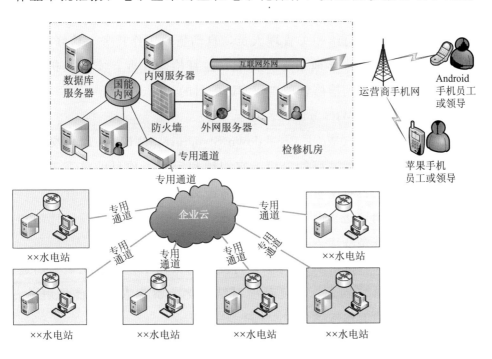

图 4-4　智慧检修管理系统架构实例

成、检修工作竣工报告电子化生成，以及建立更加完善的检修设备库、检修知识库、标准作业库和标准业务流程工序卡。

通过智慧检修管理系统的建设，进一步打造了水电智慧检修互联网应用平台。平台可以实现检修准备、检修文件包、物资工器具准备、质量管理等检修作业的全过程管理；亦可通过商业化的运营，实现检修任务的"抢单"或"派单"，开创检修管理的新模式，逐步实现"变革升级智慧化"。

4.3.3　智慧检修的管理流程

在继承和发扬传统检修管理的成熟经验上，智慧检修管理系统进一步整合检修队伍管理、任务分派、质量验收等，以实现检修管理的效率提升。

目前，智慧检修管理系统已实现设备检修通知单下达、项目任务分解、施工进度管理、关键点见证、三级验收等多种功能。系统也能够及时推送异常信息给相关管理人员，自动生成工作任务、检修方案、工序卡等文件包，科学地指导、管理、监督检修作业，实现人机、人人的互联互通，达到检修管理自我演进的目的。

1. 检修项目的 WBS 分解

工作分解结构（Work Breakdown Structure，WBS）：以可交付成果为导向对项目要素进行的分组，它归纳和定义了项目的整个工作范围每下降一层代表对项目工作的更详细定义。WBS 总是处于计划过程的中心，也是制定进度计划、资源需求、成本预算、风险管理计划和采购计划等的重要基础。

以某电站×号机组 A 修为例，将复杂的检修工作任务化繁为简逐步细化到组、落实到人，将复杂项目结构化分解为人人都能理解的，亦可具体执行的工作任务（图 4-5）。

2. 检修任务与人员的多维度数据统计

如图 4-6 所示，在按项目统计的页面下，可以清晰展现检修任务的完成情况、完成数量、完成质量等数据信息。

如图 4-7 所示，在按人员统计的页面下，可以清晰展现人员的工作安排、工作完成情况及工作绩效等数据信息。

3. 检修项目的时间视图与甘特图

如图 4-8 所示，可以直观地了解检修任务的项目整体进展和每位检修人员的工作排期与工作量饱和度。

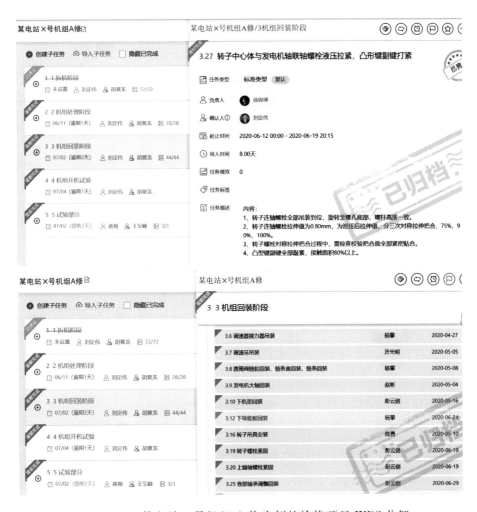

图 4-5　以某电站×号机组 A 修为例的检修项目 WBS 分解

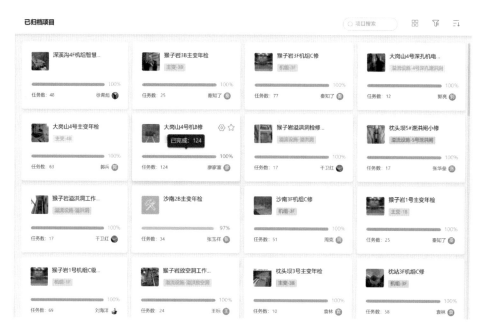

图 4 - 6   按项目统计页面下的多维度数据统计

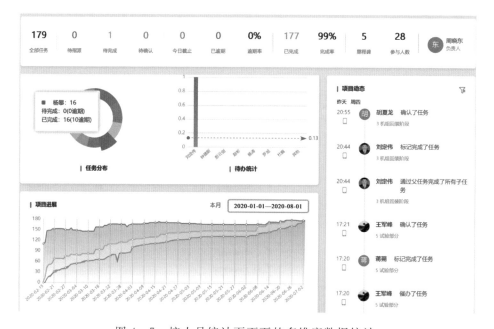

图 4 - 7   按人员统计页面下的多维度数据统计

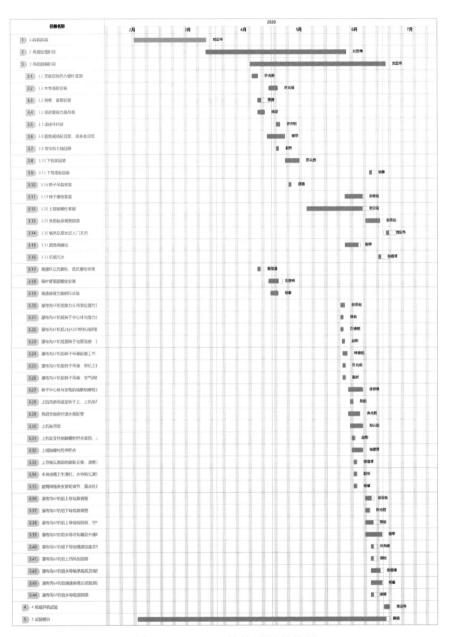

图 4-8（一）　检修项目甘特图

任务名称	2020			
	第1季度	第2季度	第3季度	第4季度
1　1 拆机阶段	刘定伟			
2　2 机组处理阶段		刘定伟		
3　3 机组回装阶段			刘定伟	
4　4 机组开机试验			刘定伟	
5　5 试验部分		蒋南		

图 4 - 8（二）　　检修项目甘特图

4.3.4　智慧检修管理系统的功能组成

如图 4 - 9 所示，智慧检修管理系统进一步基于 Android、苹果 iOS 智能手机操作系统建设信息管理 App，最终建成一套真正的"电子化、智慧化、可追溯化"的智慧检修管理系统，全面实现管理层级上下信息渠道的畅通和数据的共享与应用，推进智慧检修的信息化与管理高效化建设。智慧检修管理系统各功能模块组成的具体描述如图 4 - 10 所示。

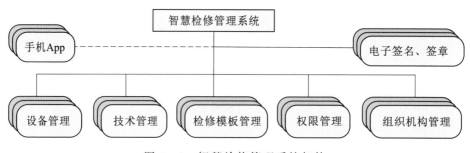

图 4 - 9　智慧检修管理系统架构

1. 权限管理

（1）用户管理。用户管理包括新增人员录入、人员信息修改、人员信息删除、人员信息导出。

（2）角色及角色权限管理。

1）对角色的基本信息进行管理。角色管理中可以为角色分配用户，并且可以配置当前角色所拥有的资源。

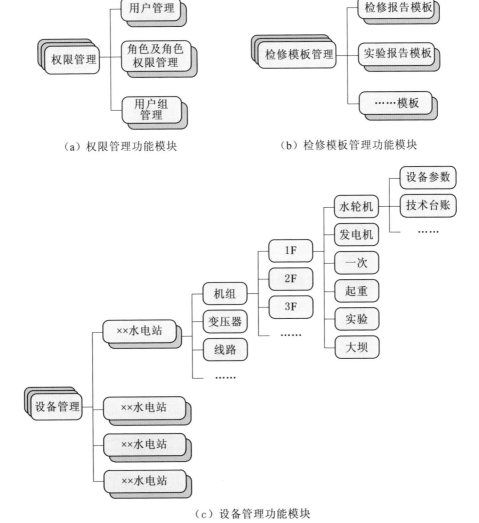

（a）权限管理功能模块　　　　　　（b）检修模板管理功能模块

（c）设备管理功能模块

图 4-10（一）　智慧检修管理系统的功能模块组成

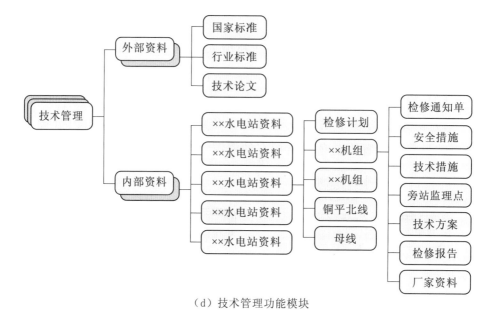

（d）技术管理功能模块

图 4-10（二） 智慧检修管理系统的功能模块组成

2）对角色的权限进行管理，管理员可以为某个角色分配某个资源权限或为某个角色取消某个资源权限。角色所拥有的资源权限可以方便地进行设置和更改。

（3）用户组管理。用户组管理根据职能部门及前端电站各组别的划分，进行相应的用户组划分，包括各用户组的新增人员录入、人员信息修改、人员信息删除、人员信息导出。

（4）组织机构管理。组织机构管理基于检修公司现有组织模型在系统中进行维护。支持部门的增加、编辑、调整、删除（应在系统逻辑中进行删除，即物理上保持，但在逻辑显示上不显示。同时，删除时要求有确认，并且要检查该部门下是否还有人员）。

（5）设备管理。设备管理是检修信息管理系统的核心模块之一，几乎所有的功能模块都需要和设备管理相关联来进行工作、管理和信息的增删改查。在设备管理中系统将主要关注设备的静态信息、历史信息等，而与设备相关的业务操作，则大部分通过其他的业务功能模块与设备管理模块相关联来进行反映。设备管理结构如图 4 – 11 所示。

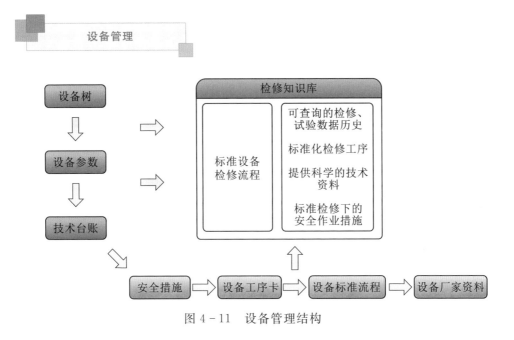

图 4 – 11　设备管理结构

2. 系统设备树管理

系统设备树管理旨在建立以水力发电设备为核心的标准的信息结构，并通过智慧检修管理系统保持与流域生产管理系统设备树的同步。

建立标准的信息结构：在设备管理的众多数据信息中，是可以进行类的划分的。每一个与其他类不相同的类，或者代表着一个方面的管理行为，或者代表着一个予以追求的信息价值目标。

系统以流域生产管理系统设备树为基础，由流域生产管理系统为管理端，保持智慧检修管理系统设备树与流域生产管理系统设备树的同步，如图 4 – 12 所示。

3. 设备参数管理

对于系统中的设备定义技术规范，在定义好基本的设备后按照指定其相关技术参数、技术标准等，可以通过上传技术参数文档和定义关键技术参数信息。

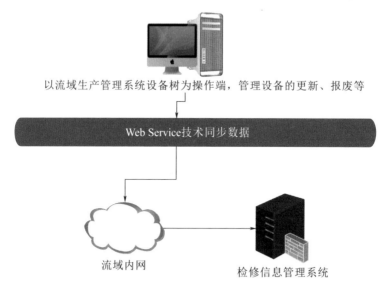

以流域生产管理系统设备树为操作端，管理设备的更新、报废等

Web Service技术同步数据

流域内网　　　　　　检修信息管理系统

图 4-12　系统设备树与流域生产管理系统设备树的同步示意图

4. 设备技术台账管理

设备台账包括设备基本属性信息、在设备运行过程中对设备的试验、检修情况的详细描述。可以通过设备技术台账管理模块查询设备检修、试验次数，以及详细检修、试验内容，进一步对设备的健康状况进行监测。

5. 技术管理

技术管理是检修信息管理系统的核心模块之一，需要和设备管理相关联来进行工作、管理和报告的增删改查。技术管理也包括了外部资料及内部资料。

外部资料主要是国家标准、行业标准、技术论文等相关资料的上传、查询管理，以及与维普网等专用查询数据库的对接等。

内部资料是以各个水电站主要设备的检修计划、检修通知单为起点，沿着检修报告及竣工报告中的实际操作流程路径一一实施，在电子化资料与实际检修操作流程的同步记录后，最终形成电子化的全套检修报告及竣工报告文档。这套电子档案不仅有电子版标准表格，还包括各标准表格打印签字版的扫描件，能够为以后的检修工作事前指定方案、事中各环节的签章查询及工序流程安排、事后的溯源追查及总结，提供标准化、电子化依据。

6.物资工器具管理系统

该系统主要完成日常业务的流程审批及存档查询工作，实现使用者按照不同权限创建单据审批、即时提醒、移动审批和存档查询等功能。物资工器具管理系统界面如图 4-13 所示。

图 4-13　物资工器具管理系统界面

7.交通管理系统

审批人通过接收并查看流程发起人填写的单据信息进入流程审批，提交审批结果与内容，系统自动推送消息或手机短信提醒发起人与下一审批人，流程进入下一结点用户，流程支持删除、查询、催办管理。

8. 检修通知单管理

用户根据发电厂下发的检修通知单上面的内容，把数据逐条录入系统中，并形成系统的检修计划。

9. 安全措施管理

通过该模块可以详细了解每一个设备所需要注意的危险点以及对危险点应采取的防范措施，包括设备在试验、检修过程中产生的危险物料以及对该物料应采取的预防措施，并列举危险点应采取的安全措施步骤和安全隔离措施。

10. 技术措施管理

系统对每一个设备提供全面详细的技术措施基本信息，对试验、检修该设备所使用的技术方案进行分类管理，系统维护人员将对技术措施的详细方案、日期、附件等进行及时补全，以形成检修知识库，从而为以后检修作业提供科学性指导。

11. 设备检修流程管理

系统对每个设备的检修流程将形成标准化的流程资料库，通过设备树可以方便、清晰查询设备的标准流程，系统管理员能够对设备检修流程进行更改以确保流程的准确性。

12. 检修工序卡管理

对每一个设备编写检修的详细工序步骤信息，形成标准的检修工序卡，从而纳入检修知识库中，可以方便地对每一个需要试验、检修的设备工序进行调取，明确检修步骤及所需要的安全预防措施，保障检修工作的标准化和流程化。

13. 旁站监理点管理

用户根据发电厂下发的检修通知单所附"关键旁站监理点见证细表"的内容逐条录入系统中，并设置与之关联的检修计划。

14. 缺陷清单管理

用户根据发电厂下发的检修通知单所附"缺陷清单"的内容逐条

录入到系统中，并设置与之关联的检修计划。

15. 厂家资料管理

通过设备树对厂家资料进行管理，记录厂家的详细基本信息，包括厂家的名称、地址、联系人、联系电话、送货方式等基本信息，形成设备厂商资料库。

16. 检修报告管理

作为系统的核心模块之一，检修报告管理包含了检修报告中所有章节和附件的操作和相应的流程签章。

17. 检修报告审批流程管理

检修报告审批流程管理包括：签名管理、流程定义、流程审批三个部分。

（1）签名管理：用户对自己的签名信息进行管理，包括签名的新增、修改、删除、预览、签名的启用和禁用等操作。管理员可管理系统所有用户签名。

（2）流程定义：根据实际需要定义审批流程，流程中环节可有若干个，可定义目标环节可允许的操作，环节可支持多人同时签章。

（3）流程审批：用户可在待办事项页面中查看自己应做出批示或签章的流程文件。流程创建者在业务模块中新增数据记录并发起流程，然后设置下一位需要予以批示和执行签章的用户，对于流程中的事务，流程的参与者可全程跟踪其进展情况。管理员可在适当的时机更改当前环节的审批人。另外，当前的流程审批者也可以将事务转移给其他人员进行办理，但系统中需要记录转移信息。流程中的某些环节可以由多人共同审批。

18. 项目验收申请流程管理

项目验收申请流程包含两种：一种为项目主任发起由生技部审核，另一种有项目专责发起由项目主任审核。发起和审核都需要电子签章。

19. 竣工报告管理

系统使用预先定义的竣工报告模板，根据检修通知单中内容自动生成的一个初期的竣工报告，然后具有相应权限的用户在自动生成的报告基础上修改后产生。竣工报告为固定格式。

20. 表格模板管理

将各种表格统一后形成通用模板，用户通过选择对应的模板在线编辑形成各种特定的表格，然后通过流程签章后形成正式的表格，主要包含表格模板管理、业务表格创建、表格审批 3 个子功能。

（1）表格模板管理：统一检修公司现有的各种表格，归纳统一形成通用的表格模板。

（2）业务表格创建：根据需要选择相应的表格模板，通过在线编辑的形式手动填充表格内数据，保存后即形成具体的业务表格。

（3）表格审批：表格创建完成后选择预先定义好的审批流程，发起流程审批。向表格中签入电子签名，完成流程审批后即形成最终的业务表格。

21. 竣工报告生成管理

一键生成一个完整的检修竣工报告，开始检修报告审批流程。

4.3.5 基于设备全生命周期管理的智慧检修策略

4.3.5.1 设备全生命周期管理

对电力企业来说，设备全生命周期是指设备从选型采购、安装验收、运维监测、检修技改，直至报废的全部过程。以水轮发电机组为例，其全生命周期管理流程如图 4-14 所示。

不同的生命周期阶段对应的主体不同，关注点也不同。如作为水电站设备运行单位来说，关注点是设备运行运营和报废等生命周期管理，做好设备使用、维护、修理、改造和更新、调拨、调整、报废。以水轮发电机组为例，关注点是机组选型采购、安装验收、运维监测、检修技改、报废等各个环节，进行设备全生命过程控制，提升设备管控能力，优化检修策略，提升管理效益。

随着传感器、互联网、大数据、人工智能等技术的发展，通过移

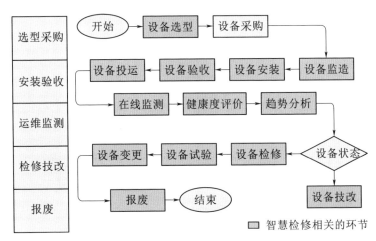

图 4-14　水轮发电机组全生命周期管理流程

动互联网技术、物联网技术、信息化、云计算等先进技术对水轮发电机组生命周期各个环节进行数据挖掘、模型建立及数据分析，为水轮发电机组全生命周期管理尤其是智慧检修提供了可能。

4.3.5.2　智慧检修策略

水电站根据状态在线监测系统数据，预测机组存在异常状态或异常趋势时，针对其原因、部位和危害程度进行分析判断，并确定对机组采取检修或其他预防措施的方法。

当进行检修决策时，应综合考虑人员安排、检修器具、备品备件、水情、电力市场需要等多方面的因素，综合分析论证安全可靠性、经济效益性，进而制定最佳的检修策略，确定检修项目、内容和规模。在检修策略制定的过程中，可以充分利用检修仿真系统对检修过程中的工序、技术以及拆装方案进行模拟，从而制定出更加合理的检修策略。

智慧检修策略的管理流程如图 4-15 所示。

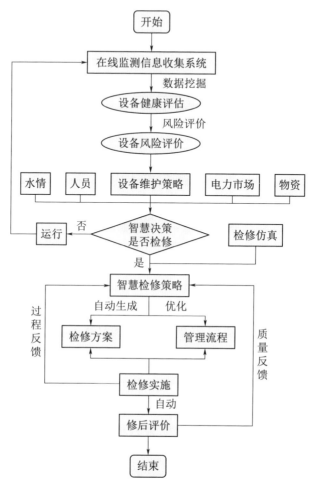

图 4-15 智慧检修策略的管理流程

第 5 章

大渡河流域水力发电智慧检修的建设实践

为推进"幸福大渡河、智慧大渡河"的总体建设，运用现代信息技术，通过业务量化、统一平台、集成集中、智能协同，充分、敏捷、高效地整合和运用内外部资源，深化改革创新、优化资源配置、实施创新驱动、推进智能管理，实现大渡河流域水力发电智慧检修的"风险识别自动化、管理决策智能化、纠偏升级自主化"。

5.1 建设背景与基本情况

5.1.1 大渡河流域概况

大渡河，古称沫水，位于四川省中西部，是长江支流岷江的最大支流，水能资源丰富，水电开发程度较高。

5.1.1.1 自然地理特点

大渡河发源于青海省班玛县西北果洛山东南麓，名为马可河，东南流至则曲河口入四川省境，名为麻尔柯河，经阿坝县南部色尔古纳阿曲（阿柯河）后名为脚木足河，经马尔康市，南流至金川县可尔因纳杜柯河后名为大金川。在丹巴县章谷纳小金川，始称大渡河。再经泸定县、石棉县转向东流，经汉源县、峨边县，于乐山市城南注入岷江。

大渡河干流全长 1062km，四川省境内长 852km。天然落差 4175m，四川省境内 2788m。流域面积 7.74 万 km²，其中四川省境内 6.80 万 km²，占全流域面积的 87.9%。流域位于青藏高原南缘至四川盆地西部的过渡地带，总的地势是西北高、东南低，四周被崇山峻岭所包围，周界高程一般均在 3000m 以上，西部的贡嘎山是大雪山山脉的主峰，海拔高程 7556m，是全省的最高峰。

大渡河以泸定以上为上游，除双江口以上河源区为高山高原地貌外，其余属高山峡谷区，集水面积占全流域的 76.1%；泸定至铜街子为中游，属川西南山地，区间集水面积占全流域的 22.6%；铜街子以下为下游，属四川盆地丘陵地区，区间集水面积占全流域的 1.3%。中上游河流下切剧烈，河谷深狭，落差大，水流湍急，沿河仅金川附近及汉源段河谷比较开阔。下游河谷较宽阔，部分河段、沙滩、沙洲发育。

大渡河流域南北狭长跨五个纬度，地形复杂，高低悬殊，气候差异很大。上游属川西高原气候区，寒冷干燥，年平均气温在 6℃ 以下，年降水量700mm 左右。中下游属四川盆地亚热带湿润气候区，四季分明，年平均气温一般为 13～18℃，年降水量一般在 1000mm 左右，中游西部及南部高山地带，降水量可达 1400～1700mm。大渡河径流由降雨形成，部分为融雪和冰川补给。流域内植被良好，水量丰沛，径流年际变化较小。

大渡河流域中上游为草原、草甸和森林所覆盖，河流含沙量较小。泥沙主要来自中游泸定至峨边沙坪区间，区内的安顺河、南桠河、流沙河和尼日河等支流含沙尤为严重。泸定水文站多年平均悬移质输沙量为 101 万 t，沙坪水文站多年平均悬移质年输沙量为 3270 万 t，泸定至沙坪区间年输沙模数高达 1400t/km²，是大渡河主要产沙区。

大渡河水系干支流有 149 条，巨大的落差、丰沛的水量、狭窄的河谷，形成了大渡河富饶的可开发水能资源，全流域水能资源理论蕴藏量高达 3132 万 kW，在我国十三大水电基地中名列第五；其中四川省境内水能资源蕴含量达 3012 万 kW，可供开发利用的有 2337 万 kW，占四川省各江河水力资源总量的 20.6%。最令人注目的是大渡河干流双江口至铜街子这 593km 长的河段，天然落差达 1827m，水能蕴藏量 1748 万 kW，占了主流域的 50% 以上，平均每千米河长水能资源达到 3 万 kW。除大渡河干流水能资源丰沛外，支流卓斯甲河、小金川、瓦斯沟、田湾沟、南桠河、尼日河 6 条支流的水能蕴藏量均超过 50 万 kW。

大渡河水系呈羽毛状分布，径流主要由降雨形成，部分为融雪补给。流域上游上段为冬冷夏凉、全年少雨的高原山地气候，年降水量 500～750mm，积雪期可达 5 个月；其余地段属季风气候，一般具有冬暖、夏热、湿润多雨的特征，年降水量 1000mm。中下游属四川盆地亚热带湿润气候区，年降水量一般在 1000mm，其中中游西部及南部高山地带，降水量可达 1400～1700mm，下游部分地区可到 1400～1900mm，暴雨多集中于中、下游地区的 5—9 月，7、8 两月尤为突出。根据水文站观测资料统计，大渡河流域多年平均流量 1500m³/s，多年平均径流量 473 亿 m³，单位流域面积上单位时间所产生的径流量相当于黄河的 10 倍，年平均径流量与黄河相当。

5.1.1.2　社会经济概况

大渡河流域涉及青海、四川省六个地州市，24 个县（市），除上游部分地区属青海省外，91.5% 的流域面积在四川省内。大渡河流域沿岸居住着汉、藏、彝、羌等多个民族，是第二大藏族聚居区、最大的彝族聚居区、唯一的羌族聚居区，形成了一条多民族互动交融的民族文化长廊。

据 1999 年资料统计，大渡河流域在四川省境内人口约 329 万人，人口地区分布极不均匀，上游人口稀少，下游人口稠密。流域内农牧业人口 277.2 万人，占总人口的 79%。域内总耕地面积约 16.2 万亩，占全省耕地面积的 2.6%。

　　流域内各县（市）工农业总产值 107 亿元，约占全省的 2%。上游各县以农牧业为主，占工农业总产值的 50%～80%。中下游工业产值比重较大，约占工农业总产值的 80%～90%。

　　大渡河流域森林、草场和矿产资源均较丰富。大渡河林区是我国西南林区的重要组成部分，木材总蓄积量 2.71 亿 m³。草场面积 345 万亩，畜牧业较为发达。域内探明的主要矿藏中有色金属及贵重金属有铂、镍、铜、钴和金矿，稀有金属有锂、铍、钽、铌矿，非金属矿有白云母、石棉、石膏、碳、水晶、蛇纹岩、含钾磷矿等，特别是石棉、白云母储量大，品质好，已开采多年，是我国主要生产基地。

　　大渡河流域农业生产以粮为主，年产量 130 万 t，占四川全省的 1.8%。粮食作物主要有玉米、小麦、水稻、青稞和土豆。经济作物主要有油菜、麻类等。经济果林主要有雪梨、苹果、白梨、柑橘和花椒等。流域还出产虫草、贝母、大黄等多种名贵药材。

　　流域内交通运输业有很大发展，沙湾以上沿干流至尼日河口段有成昆铁路通过。干支流沿河多有公路相通，公路总长 3226km，其中国道 3 条，省道 5 条。

　　作为四川省主要畜牧基地之一，大渡河流域沿线青山绿水环绕、风景优美，其终年温暖且独特的自然地理条件适宜广泛物种生存和人类群居，森林、草场和矿产资源均较丰富，生活着大熊猫、金丝猴、云杉等珍稀动植物，鱼类有 16 科 105 种。流域西岸的原始森林占四川全省森林面积的 15.3%，木材积蓄量占四川全省总量的 26.1%，盛产亚热带到温带的各类水果、药材和林副产品，在国际市场上享有盛誉。

5.1.1.3　水电开发情况

　　大渡河干流（双江口—铜街子河段）水力资源理论蕴藏量 1977 万 kW，是四川水能资源丰富的三大河流之一，在国家规划的十三大水电基地中排名第五位，主要由国能大渡河公司对大渡河干流水电资源实施"流域、梯级、有序、综合"开发，为四川经济发展和西电东送提供保障。

大渡河水量丰沛，径流稳定，干流铜街子水文站多年平均流量 $1490m^3/s$，年水量近 470 亿 m^3。该河地理位置适中，距成都市直线距离仅 200km 左右，距重庆 400 多 km，双江口以下均有公路沿河相通，瀑布沟以下兼有铁路通过。所拟梯级水电站坝址地质条件一般较好，单位装机淹没损失均小于或接近全国各大水电基地的平均值；开发目标单一。

1. 规划情况

由于河流自然条件和所处的地理位置及社会经济情况的差异，各河段开发任务也有所不同。干流铜街子以上，多为高山峡谷，农牧业灌溉用水和城镇工业生活用水主要由支流解决。沿河耕地，城镇分散，分布高程高，一般无防洪要求。铜街子以下，河谷逐渐开阔，有防洪、航运、灌溉、供水等综合利用要求。

目前，大渡河流域干流规划形成 3 库 28 个梯级水电站开发方案。下尔呷水库为规划河段的"龙头"水库，双江口水库为上游控制性水库，瀑布沟水库为中游控制性水库。流域规划总装机容量约 2700 万 kW，设计年总发电量约 1160 亿 kWh，约占四川省水电资源总量的 24%，其年发电量相当于可节约 3526 万 t 标准煤，减排二氧化碳 9238 万 t，流域的水电开发将对整个四川省的电力建设以及流域沿岸的环境生态保护、区域经济社会协调发展等产生重要意义。

2. 开发投产现状

大渡河流域独特的自然地理条件和量大质优的水能资源，决定了其开发条件的优越性，并且大渡河干流紧邻四川电网负荷中心，拟建梯级水电站多数距成都直线距离均在 200km 左右，被誉为四川省水力供电的"一环路"，在向四川电网负荷中心或参与西电东送方面都具天然的区位优势。

1966 年，大渡河流域水电开发首战在装机容量 70 万 kW 的乐山市龚嘴水电站正式打响，几年时间便在奔腾汹涌的大渡河之上建起了 85.5m 高的混凝土重力坝，电站投产后多年平均贡献出 34.18 亿 kWh

电量，对四川电力系统的安全稳定运行发挥了重要作用。经过水电建设者们对大渡河流域近半个世纪的开垦和拓荒，在不断攻关中建立起了一座座高坝，有"国际里程碑工程"——186m 瀑布沟堆石坝、世界第一高坝——315m 双江口心墙堆石坝、世界抗震标准最高大坝——210m 大岗山拱坝；在机组方面有冲击式、混流式、轴流转桨式和灯泡贯流式，被业内誉为"水电开发博物馆"。截至 2020 年年底，大渡河流域干流已建成 14 个梯级水电站，在建 6 个、前期规划 8 个，形成了投产、在建、筹建稳步推进的可持续发展局势；干流梯级电站群投产装机容量共 1742 万 kW，平均每年可向社会输送 757.344 亿 kWh 清洁水电。

随着国家电力体制改革，大渡河干流目前是多业主开发的状态，其中国家能源投资集团旗下的国能大渡河公司主要负责大渡河干流 17 个梯级水电站的开发和运营管理总装机约 1757 万 kW，约占干流规划装机容量的 70%。截至 2020 年底，国能大渡河公司负责开发的猴子岩、大岗山、瀑布沟、深溪沟、枕头坝一级、沙坪二级、龚嘴、铜街子 8 座干流水电站已投产，投产总装机容量 1173.5 万 kW。干流其他 11 座水电站由中国华能集团有限公司、中国大唐集团有限公司、中电建水电开发集团有限公司等企业投资开发，其中长河坝、黄金坪、泸定、龙头石、沙湾、安谷等 6 座水电站已投产，装机容量约 634 万 kW。大渡河流域水电站规划及开发情况见表 5-1。

表 5-1　　　　　大渡河流域水电站规划及开发情况

序号	项目名称	建设地点	坝(闸)距河口距离/m	调节性能	装机容量/万 kW	前期工作与建设状况	开发主体
1	下尔呷	阿坝	797	多年	54	前期工作	中电建水电开发集团有限公司
2	巴拉	马尔康	766	无	56	前期工作	
3	达维	马尔康	748	无	36	前期工作	
4	卜寺沟	马尔康	700	无	30	前期工作	国电四川水电有限公司

序号	项目名称	建设地点	坝(闸)距河口距离/m	调节性能	装机容量/万 kW	前期工作与建设状况	开发主体
5	双江口	马尔康、金川	650	年	200	在建	国能大渡河公司
6	金川	马尔康、金川	616	日	86	在建	
7	安宁	金川	580	日	38	前期工作	
8	巴底	丹巴	545	日	72	前期工作	
9	丹巴	丹巴	528	日	119.66	前期工作	
10	猴子岩	康定、丹巴	468	季	170	已建	中国大唐集团有限公司
11	长河坝	康定	423	季	260	已建	
12	黄金坪	康定	407	日	85	已建	
13	泸定	泸定	375	日	92	已建	中国华电集团公司四川公司
14	硬梁包	泸定	351	日	111.6	在建	华能泸定公司
15	大岗山	石棉	314	日	260	已建	国能大渡河公司
16	龙头石	石棉	294	日	72	已建	四川大渡河龙头石水电有限公司
17	老鹰岩一级	石棉	275	日	22	前期工作	国能大渡河公司
18	老鹰岩二级	石棉	263	日	35	前期工作	
19	瀑布沟	汉源	194	年	360	已建	
20	深溪沟	汉源	177	日	66	已建	
21	枕头坝一级	金口河	152	日	72	已建	
22	枕头坝二级	金口河	148	日	32.6	在建	
23	沙坪一级	峨边	142	日	38	在建	
24	沙坪二级	峨边	129	日	34.8	已建	
25	龚嘴	乐山	93	日	77	已建	
26	铜街子	乐山	65	日	70	已建	
27	沙湾	乐山	50	无	48	已建	中电建水电开发集团有限公司
28	安谷	乐山	15	日	77.2	已建	

3. 国能大渡河公司主要水电站介绍

（1）大岗山水电站。大岗山水电站（图 5-1）位于四川省雅安市石棉县境内，为大渡河干流规划的第 15 个梯级水电站。坝址距下游石棉县城约 40km，距上游泸定县城约 75km。水电站装机总容量 260 万 kW，计划安装 4 台 65 万 kW 机组，是大渡河流域第二大水电站，水电站建成后，将以 500kV 一级电压接入四川电网，并以网对网方式参与"西电东送"。坝型为混凝土双曲拱坝，最大坝高约 210m，设计正常蓄水位 1130.00m，工程计划 2014 年底首台机组投产发电，2015 年 7 月全部投产发电，2016 年竣工，施工总工期 95 个月。

图 5-1 大岗山水电站

大岗山水电站是大渡河干流中游上段具有周调节性能的高坝大型水电站，电站枢纽建筑物由混凝土双曲拱坝、水垫塘及二道坝、泄洪隧洞、引水及尾水建筑物、发电厂房、开关站等组成，发电厂房为地下式，厂内安装四台水轮发电机组，每台装机容量为 650MW，总装机容量 2600MW。工程于 2005 年正式动工修建，2011 年 9 月大坝第一仓混凝土开始浇筑。

（2）瀑布沟水电站。瀑布沟水电站（图 5-2）是大渡河干流梯级规划 22 个水电站中的第 19 个梯级水电站，是大渡河中游的控制性水库，是以发电为主，兼有防洪、拦沙等综合利用效益的大型水利水电工程。水电站下游是已建的龚嘴、铜街子水电站，距成都市直线距离200km，地理位置适中，对外交通方便。水电站坝址位于大渡河中游尼日河汇合口上游觉托附近，地跨四川省西部汉源和甘洛两县境。

图 5-2 瀑布沟水电站

瀑布沟水电站采用坝式开发，坝址以上控制流域面积 68512km^2，其多年平均流量 1230m^3/s，年径流量 388 亿 m^3，总库容 53.9 亿 m^3，其中调洪库容 10.56 亿 m^3，调节库容 38.82 亿 m^3，为不完全年调节水库。电站总装机容量 3300MW，多年平均发电量 145.8 亿 kWh。瀑布沟水电站由中国水电顾问集团成都勘测设计研究院设计。水电站前期工程于 2001 年 11 月动工，主体工程于 2004 年正式开工，2005 年 11 月截流，计划 2009 年第一台机组发电、2011 年工程完工，总工期 93 个月。工程静态投资约 169 亿元，动态总投资 203 亿元，水库移民 101830 人。

（3）深溪沟水电站。深溪沟水电站为大渡河干流规划的第 20 级电站，水电站安装 4 台单机容量 165MW 的轴流转桨式水轮发电机组，总装机容量 660MW，水电站以 500kV 电压等级接入电力系统。2006 年 4 月主体工程开工，2011 年 6 月 29 日，4 台机组全部投产。

（4）龚嘴水电站。龚嘴水电站总装机容量为 77 万 kW，位于四川乐山，是大渡河干流水电梯级规划的第 25 级电站，两岸高山峡谷，悬崖峭壁，东临峨眉山、西接小凉山。大渡河全长 1050km，流域面积为 77400km²，属青藏高原东南的延伸部分，发源于青海果洛山南麓，流经草鞋渡汇入青衣江，于乐山注入岷江。水电站距乐山市 40km，距成都 165km；距西昌 190km；距重庆 285km，故位置较为适中。地质列系为花岗岩，大坝为混凝土重力坝，坝后式厂房，分地面、地下布置。大坝底宽 74m，高 85m，顶宽 21.6m，长 447m，总库容为 3.1 亿 m³。大渡河的径流来源是降水，降水量上游 600～700mm、下游 130mm，且集水面积大，故其径流丰沛，多年平均流量为 1530m³/s。水电站于 1966 年 6 月施工，1971 年 12 月 26 日第一台机组发电，1978 年 12 月 30 日全部投产发电。水电站总投资约 5 亿元。电站设计水头为 48m，过流量为 240m³/s。

（5）铜街子水电站。铜街子水电站位于四川省乐山市境内，是大渡河流域梯级开发第 26 级电站。水电站距上游龚嘴水电站 33km，距成昆铁路轸溪车站 17km，以发电为主，兼顾漂木和下游通航。装机容量 70 万 kW，保证出力 13 万 kW，多年平均年发电量 32.1 亿 kWh。主坝为混凝土重力坝，最大坝高 79m。工程于 1985 年开工，1992 年 12 月第 1 台机组发电。电力纳入四川电力系统。坝址以上流域面积 7.64 万 km²，多年平均流量 1490m³/s，多年平均年径流量 473 亿 m³，500 年一遇设计洪水流量 13100m³/s，万年一遇校核洪水流量 16400m³/s，设计洪水水位 474.60m，校核洪水水位 477.70m，正常蓄水位 474.00m，汛期限制水位 469.00m，死水位 469.00m。总库容 2.0 亿 m³，调节库容 0.3 亿 m³，为日、周调节水库。

5.1.2　建设背景

5.1.2.1　以"新 IT"技术为引擎的工业变革与发展的需要

目前，一场以云计算、大数据、物联网、移动应用、智能控制为核心的"新IT"技术为引擎的工业变革与发展日新月异，尤其在工业领域的发展应用更加迅猛，正催生新业态和新模式不断涌现。

随着大数据、云计算、物联网、移动互联等技术与各行业融合的不断深入，工业领域数据来源更加广泛，分析及挖掘手段更加完善，数据价值日趋明显，正逐步改变和颠覆传统工业行业的生产及运营模式。对于制造业而言，在新一轮科技革命和产业变革的大背景下，以数字化、网络化、智能化为特征的智能制造已成为未来发展趋势。而工业领域基于云端的供应链精细化管理、连续的设备在线监测、生产运行的优化、能源数据管理、工业安全生产等都将大大提高企业的发展潜力。

目前，我国水力发电行业状态检修已经普遍应用红外热成像技术进行设备监测和诊断，应用测振和频谱分析技术对汽轮机和水轮机进行振动分析，采用气相色谱及声发射技术对变压器进行故障诊断等，各种新技术的应用，在提高设备诊断可靠性的同时，也为设备检修积累了大量的历史数据。

大数据技术，其本质是发现数据间的关联，通过检修算法模型，挖掘对比实时与历史数据，及时分析趋势关联性，精准预测预警机组故障，为检修决策提供更加可靠的数据依据。

5.1.2.2　水电智能化催生检修模式提升改进的需要

我国在学习苏联经验的基础上，长期以来实行的检修模式均是以事后维修、预防性计划检修为主。目前，随着经济社会的发展，正逐步向预测性检修过渡。

以故障维修、预防性计划检修为主的水力发电检修模式曾经是适应我国生产力发展水平的检修模式，它一般包括A修、B修、C修、D修、定期维护等多个形式。在发电设备管理中采用这种检修模式的优点在于可保持供电的基本稳定性和人力、物力、资金安排的计划性，确保生产管理有序可控。在这种检修模式下，A修间隔4～6年，C修每年计划进行，检修项目、工期安排和检修周期均由管理部门根据经验制定。但随着发电设备向高参数、大容量、复杂化发展，其安全经济运行对社会的影响也越来越大，检修投入大幅上升。这种情况下，现有水力发电检修模式的弊端日益凸显，主要表现在：①临时性检修频繁；②维修不足；③检修过度；④盲目检修。因此，对设备实行更先进、更科学的管理和检修模式，已经迫在眉睫，势在必行。

现阶段，我国新建或经改造的水电站普遍实现了"无人值班"（少人值守）模式，同时具备国际先进水平的监控、保护和监测等自动化系统也得到了广泛的应用。水电站采用网络或现场总线通信方式已基本实现水电站分布式信息数据的交换功能，计算机监控等自动化系统中实时数据采集、智能诊断等高级技术的研究和实际应用已取得了较好的成果，整体自动化程度已达到国际先进水平，其中部分水电站已初具"智能化"的特征和特点。这些数字化、自动化、智能化技术的发展和积累，为持续改进水力发电设备检修模式奠定了良好的基础。

5.1.2.3　智慧企业建设不断深入开展的需要

随着我国电力工业体制改革的不断开展和深入，发电厂将成为自主经营、自负盈亏的主体，在竞价上网等市场机制的刺激下，企业从自身发展的需要出发，为提高经济效益、降低生产成本、在竞争中立于不败之地，创新发展已是必然的趋势，必将成为下一阶段水电行业的主要关注和发展方向。

国能大渡河流域水电开发有限公司（简称"国能大渡河公司"）于2014年创新性提出建设"智慧企业"以来，规划了基于大数据和智能分析技术构建信息决策"大脑"的"智慧企业"发展目标，充分运用云计算、大数据、物联网、人工智能等新技术，打造"智慧工程、智慧电厂、智慧调度、智慧检修"业务平台，通过有效变革和优化现有体系、流程、人、技术等企业要素，全面提高企业应对外部风险能力，全力实现"风险识别自动化、决策管理智能化、纠偏升级自主化"为核心的智慧管理。

国能大渡河检修安装有限公司（简称"检修公司"）作为大渡河流

域梯级水电站的专业检修团队，紧跟公司"智慧建设"的战略，研究应用水力发电的智慧检修模式。不仅要以状态检修、提高检修专业度和竞争力为迫切目标；更要以实现智慧检修为长远目标，改变水电站的检修模式，实现可持续发展，顺应"智慧变革"的需求。

2015年，随着智慧企业总体规划通过专家评审，规划报告明确提出了智慧工程、智慧电厂、智慧调度、智慧检修四大业务单元架构，水力发电智慧检修作为保障发电厂关键资产安全可靠运行的核心模块，主要关注设备、流程、人、技术等运营要素优化，主动识别设备运行状态，降低检修作业风险，全面提升检修管理水平。规划通过设备状态在线监控、分析、评价、决策，逐步升级完善设备检修管理，从而进一步确保设备可用率最大化，增加发电机组可用小时数，减轻检修强度，降低检修成本。

5.1.3　国能大渡河流域检修安装公司的基本情况

国能大渡河检修安装有限公司（简称"检修公司"）是国能大渡河流域水电开发有限公司出资设立的国有独资公司，于2011年12月22日在成都市高新区注册成立。检修公司是由国电大渡河公司流域检修安装分公司（于2005年5月26日成立，当时四川省境内唯一的区域化、专业化水电检修公司）改制而成，具有自主经营、自负盈亏的市场主体地位，依托市场谋求发展。

1. 转型发展——在前行中探索

公司立足于水电运营服务产业，以领先的检修技术、服务和专业管理，全面担负起装机1100余万kW机组的检修维护工作，成功实现了从"一厂两站"到"七厂九站"的跨越。

公司探索推行"项目化管理、专业化检修、集约化经营、品牌化服务"检修新模式，创新实行"片区统协调、班组大工种、作业小组制"管理模式，业务范围遍布四川省内外近10个省区市。

公司提出了"装机一千五、流域统检修、质量树品牌、处处创精品"战略目标，着力打造"国内一流，管理智能，能力突出，职工幸福"的大型专业化检修公司。

2. 创新管理——在前行中实践

大渡河检修公司立足实际，着眼长远，把创新作为企业发展的第一动力，打响了大渡河检修品牌。

公司全面推进《安全文明施工标准》，创新推行各级岗位安全责任清单、安全风险辨识和防范措施落实清单，创新设计了伤害预知预警（KYT）卡片，实行"一个项目一项措施""一个作业点一项措施"，有力保障了现场安全可控在控。

公司建立"精益检修"标准化检修管理体系，推行质量控制旁站监理制、作业任务清单制，切实抓好典型缺陷治理和治本攻坚，创造了自公司成立以来，连续 17 年修后设备零非停佳绩。

公司稳步拓展对外检修市场，累计与 20 余家单位建立了战略合作伙伴关系，实现了从生产型向经营型的转变，树立了大渡河检修良好市场品牌形象。

3. 智慧检修——在前行中深化

检修公司作为国能大渡河公司企业转型、效益增长、规模扩张的一个重要的增长极，在国家能源集团和国能大渡河公司的统筹领导下，紧扣"立足流域、面向市场"的战略定位，按照"项目化管理、专业化检修、集约化经营、品牌化服务"的管理思路，立足于水电运营服务产业，以领先的检修技术、服务和专业管理，帮助客户降低水电运营风险、提高水电运营效率，为清洁能源的发展做出贡献，致力于打造"成为中国领先的水电专业服务和解决方案提供商"。

公司打造一流智慧检修平台，升级智慧检修系统功能，完善在线监测系统，推进智慧检修运行中心建设。目前，已完成水电行业首个《水轮发电机组智慧检修标准》，以及《水轮发电机组主设备振摆在线监测数据》等智慧检修技术标准的编写工作。

同时，面向基于"互联网＋"智慧检修高速发展的新形势，公司于 2018 年率先成立了国能大渡河检修安装有限公司"智慧企业研究发展中心"，以检修公司青年创新工作室为载体，出台了青年创新工作室管理的相关制度。不断深化检修公司转型升级，实现企业发展壮大目标。

5.2　整体方案

5.2.1　针对的问题

1. 人工巡检在技术和管理上落后

在传统的水电生产中，为保障设备安全稳定运行和生产过程的持续进行，普遍采用定期人工巡视设备和操作设备的方式，既按计划定期进行现场设备查看，通过人员到位检查的方式感知设备状态，了解设备工况，在长期实践中也发现了诸多的技术与管理问题。主要表现在以下几方面。

（1）可靠性低。人工巡检工作凭借运维人员个人经验，受巡检人员身心状态、责任心、技能水平的影响大。

（2）追溯性低。人工巡检无统一标准，无统一描述，巡检结果依靠手工抄录，很容易导致记录不完整。事故发生后缺乏故障分类、系统分析、责任不清。

（3）人身安全风险大。水电站高压、湿滑、高空等环境风险对巡检人员的健康和安全产生较大威胁。

（4）人力成本高。水电站普遍具有设备多、分布范围广的特点，人员全面巡检设备需要花费很长时间，耗费了大量的人力资源。

与此同时，随着水电技术发展，一些传感技术也逐渐应用到了对设备状态的监测领域，如大量传感器在新建水电站的应用，部分解决了对设备测点的实时监测问题，但对于一些缓慢状态变化仍存在监测不到位的情况，如缓慢的漏水、漏油无法采用传统传感器有效监测。

同时，传统生产场景中对设备放电、机械表计读数、线路异物附着、固定螺栓脱落等缺陷也没有有效的监测手段，一旦这些缺陷长期未及时发现处理，将对主要发电设备产生毁灭性的损坏。

2. 水电站各业务系统数据孤岛化和融合性差

我国水电站自动化技术起步于 20 世纪 80 年代初，经过几十年的不懈努力，水电站自动化技术已经逐渐接近世界先进水平。自动化升级中，水轮发电机组监控系统、开关站监控系统、公用设备控制系统、闸门自动控制系统等主要系统均逐步完成改造。然而，从改革开放到市场化的逐步深入，电力体制经历了多次改革，其间的自动化改造经历了漫长的岁月，在企业自身和市场远期的统筹上存在差距，不同时期的应用技术不同，不同厂家的产品标准不同，受到接口标准不统一、数据规范不统一、通信协议不统一等诸多问题制约，导致各系统之间无法进行互联互通、跨区操作，运行操作人员，需要手动切换多个系统，存在操作繁琐，容易出错的潜在风险。特别是在水电站各种高级应用系统实践中，生产控制大区、管理信息大区内的各子系统间存在协调配合、互动操作的壁垒，独自为阵的问题尤为突出。

目前，电力系统发电侧企业普遍存在上述问题，即系统之间各自为政，有个别企业在安防联动上有所尝试，但是针对整个庞大的生产系统的联动尚无人建树。

3. 设备检修精准性差

传统水电站对设备健康状态缺乏足够的科学评价，主要实现计划性检修，导致临时性检修频繁、带病运行、过度检修、盲目检修等现象时有发生，不仅导致检修资源浪费，而且给设备安全稳定运行带来严峻考验。

设备运行健康状态靠人工判断，工作量大，准确率低。随着电站规模和监测辅助系统的不断完善，机组的控制和监测数据信息量越来越大，运行人员对机组状态的实时有效监控、对设备故障做出迅速而准确的判断变得越来越困难。

5.2.2　价值分析

检修公司积极开展水电站设备智慧检修建设的价值主要体现在以下几个方面。

1. 提高水电站运行管理水平

现代科学技术和现代化管理是提高经济效益的决定性因素。科学技术进步和管理水平的提高将从根本上决定我国现代化建设的进程，是关系到我国民族振兴的大事。"管好、用好、修好"设备，不仅是保证生产的必不可少的条件，而且对提高企业经济效益，推动国民经济持续、稳定、协调发展，有着极其重要的意义。而实现水电机组的智慧检修是提高水电站运行管理水平的一个重要组成部分。

2. 提高水电机组运行的可靠性

发电的可靠性与发电设备的可靠性，在水电站运行中是最为重要的。由于发电设备故障而导致的发电中断或设备损坏，将会对国民经济建设造成巨大的损失。例如，1986 年 4 月，切尔诺贝利核电站的爆炸，造成 2000 人以上的死亡，几万居民撤离原居民区，溢出的放射性物质污染了西欧上空，带来近 30 亿美元的巨大损失，还极大地影响了国际政治关系。1986 年 10 月与 1988 年 2 月，我国先后于山西和陕西，发生两起 200MW 水电站机组由于机组失稳到机组烈振，轴系断裂，零件飞出毁坏厂房的恶性电站事故。广州抽水蓄能电站 1997 年曾发生一起 300MW 抽水蓄能机组泄水锥在发电运行中脱落，在抽水时又被抽回，造成转轮彻底破坏的严重事故，致使该机组停产 10 个月以上，损失上亿元。萨扬舒申斯克水电站 2009 年 8 月 17 日发生 2 号机组水轮机上盖及转子射出事故，造成水淹厂房，75 人死亡，10 台机组受到不同程序破坏，厂房被摧毁，直接经济损失 130 亿美元。

智慧检修可以起到预警的作用，可以更有效地防止故障的发生或扩大，因而将有助于减少乃至避免因机组故障造成的巨大经济损失，以及人员伤亡和环境污染等。

3. 良好的经济效益和社会效益

现代电力工业生产的特点是，设备大型化、生产连续化和高度自动化。这在提高生产率、降低成本、保证电能质量等方面具有巨大的优势。但是一旦水电生产过程中发生故障，哪怕是一个零件或组件，也可能会迫使生产中断，停止供电，带来巨大的经济损失。另外，智慧检修可以准确掌握设备状态，预测设备故障发生发展的趋势，因而对状态尚好的设备，可以有依据地适当延长检修周期，对状态不太好的设备，可以积极主动地采取有效的维护措施，最大限度地使其正常运行，充分发挥设备的运行能力，防止盲目停机检修。

4. 能够有效减少水电机组的维修费用

由于智慧检修强调的是把故障发现并消灭在萌芽状态，因而，此时需要采取的检修工作往往比故障真正出现后所需的检修工作简单并且低廉，从而可以大大降低检修成本。这在水电机组的复杂性和重要性不断提高，检修成本占机组运行成本比例越来越大的今天，更具有重大意义。

5.2.3　体系框架设计

针对传统检修方式所存在的问题，检修公司提出了以五大平台为基础的水电站设备智慧检修建设方案，其整体架构如图5-3所示。

（1）信息感知平台是对水电站设备信息进行全面感知，包括发电机、水轮机、变压器及辅助设备，实时动态掌握设备运行情况，按照数据标准进行数据治理，并存储在大数据平台。

（2）运行控制平台是利用自动化技术，提升电站自动化水平，减少人员现场操作，逐步实现现场无人化。如通过计算机监控系统实现设备远程控制，通过智能机器人或在线巡检系统，实现设备智能巡检，建立多系统联动模型，实现监控系统、消防系统、工业电视等系统之间智能联动。

（3）数据管理平台是通过云计算技术，实现数据采集、存储、治理，并进一步通过大数据分析服务，为水电设备运检智慧化提供数据

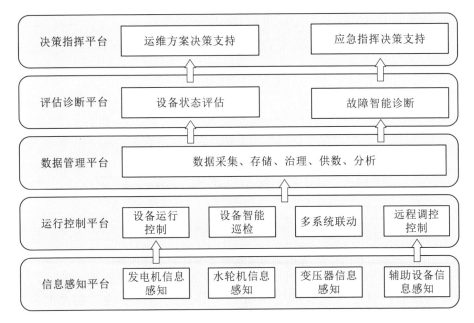

图 5 - 3 水电站设备智慧检修建设方案的整体架构

支撑。

（4）评估诊断平台是通过故障知识库、设备机理建模、大数据技术及人工智能算法，实现设备状态智能评估、设备故障智能诊断。

（5）决策指挥平台是建立设备管理专家知识库，并利用知识推理技术，自动生成设备运行方案、设备维护及检修方案，并通过人机交互的方式实现方案优化，为设备管理提供科学、高效的决策支持，并对现场紧急状况处理进行指挥和支持。

对应水电站设备智慧检修建设方案的整体架构，水电站设备运检智慧化的业务体系主要由四大业务中心构成，如图 5 - 4 所示。

（1）设备监测分析中心。通过实时监测设备数据，感知设备运行状态，建立状态分析模型，实现设备健康状态动态评价，及时发现设备异常情况，基于设备健康状态预测预警模型，指导水电站应急队伍及时、科学处置设备异常，实现状态检修。

（2）设备运行控制中心。设备运行控制中心，负责设备远程运行

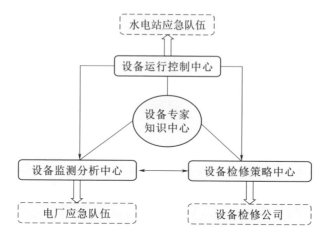

图 5-4 水电站设备运检智慧化的业务体系

监视和控制，通过利用智能巡检机器人等先进巡检手段，能及时掌握设备运行情况，一般情况下可远程操控设备，重大操作或设备异常，可交由水电站应急队伍进行及时处理。

（3）设备检修策略中心。设备检修策略中心，能够精确定位设备故障，利用检修专家知识库，充分考虑设备故障原因和受损程度，自动生成检修方案，同时通过人机交互的方式，不断优化方案，制定科学、可行、优化的检修方案，为设备检修提供方案支撑。

（4）设备专家知识中心。设备专家知识中心，构建并管理设备运行机理、故障案例、检修方案及过程、检修后评价等的专家知识库，对设备相关专家知识进行统一管理，为设备运行、评价和检修提供决策支持。

5.3 建设推进情况

按照国能大渡河公司智慧企业建设的总体要求，以"风险识别自动化、管理决策智能化、纠偏升级自主化"为实现目标，结合自身检修实际，通过不断地探索、总结和完善，大渡河流域水电站设备智慧检修建设在多个方面取得了较多的实践应用。

5.3.1 水电站设备智慧检修的数据采集

数据的高效采集和有效获取是智慧检修建设的先行军，检修公司主要通过在流域不同发电设备设置传感器测点，监测各设备的运行参数，并构架基础大数据库，为水电站设备的状态评估提供基础。

5.3.1.1 GIS 局部放电监测及数据采集

GIS 全称气体绝缘金属封闭开关设备，是将变电站内除变压器外电气设备全部组合，并充入 SF_6 绝缘气体组成的密封组合电器。GIS 具有较高的安全可靠性，但由于加工、运输、现场装配等多种原因使得 GIS 不可避免地存在绝缘缺陷而影响其长期可靠性。这些缺陷通常比较微小和隐蔽，不足以导致在工频耐压试验时立即击穿，但投入运行后在正常运行电压作用下会发生局部放电，使缺陷逐渐发展扩大，甚至造成整个绝缘击穿或沿面闪络，从而对设备的安全运行造成威胁。

进行 GIS 局部放电监测，主要是为了能够实现连续在线局部放电监测，同时保存历时数据，便于趋势的分析和预测，从而实现对 GIS 设备的自动控制，形成科学的检修策略，减少检修人力、物力和财力。

当绝缘材料中产生局部放电后，电子及离子的动能立即转化为其他形式的能量，包括热能、光能、压力波、化学能、电磁辐射等，以上各类现象均可用相关传感器来探测局部放电的存在。

GIS 局部放电监测及数据采集的具体情况如图 5-5～图 5-8 所示。

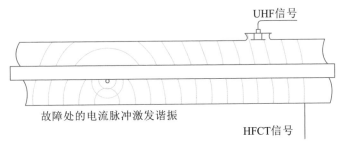

图 5-5 GIS 内产生高频信号的传播示意图

（a）开口式电流互感器　　（b）声发射传感器（AE）　　（c）特高频传感器（UHF）

图 5-6　局放探测传感器

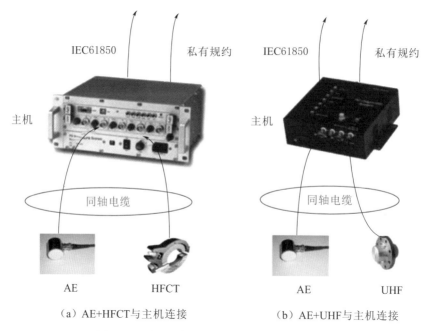

（a）AE+HFCT与主机连接　　　　（b）AE+UHF与主机连接

图 5-7　探测传感器与主机典型连接方式

5.3.1.2　SF_6 气体监测及数据采集

　　气体密度和湿度（微水含量）的高低是衡量 SF_6 气体工作状态的两个重要指标。如果电气设备存在泄漏，将会导致 SF_6 气室的压力下降，气室将达不到必要的绝缘性和灭弧性。而湿度达到一定程度时，不仅会与电弧作用下的 SF_6 气体分解产生多种有毒的腐蚀性物质继而引起设备的化学腐蚀，而且会使估计绝缘水平下降，严重影响设备的

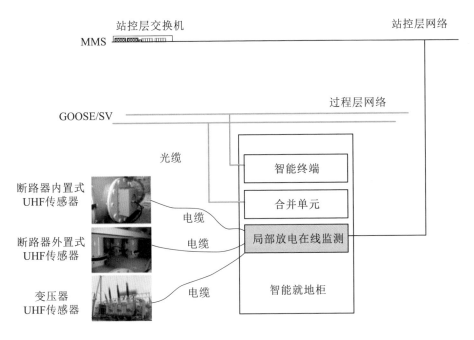

图 5-8　局放监测数据采集结构图

机械、电气性能。

　　对比于定期巡视检测、运行人员对开关设备定期进行泄漏检测、压力检测、微水检测的传统模式，SF_6 气体监测系统采用智能模式，在线对各种参数进行实时监测，一旦有异常及时通过网络进行告警。

　　SF_6 气体的监测可以采用温度、压力、微水三合一的数字化传感器，该传感器能减少和一次设备对接的接口数量，方便现场安装调试，支持数字化输出，并满足通信方面的要求，传感器采用自校验算法，保证了长期工作无校验的情况下输出高精度数值。

　　SF_6 监测的三合一数字化传感器安装如图 5-9 所示。

5.3.1.3　开关机构机械特性监测及数据采集

　　由于高压开关的主要故障为操作机构故障，所以开关在线监测的重要对象之一就是操作机构。操作机构的状态获取是十分复杂的，出现某一种故障，机构的状态特征可能很多。当操作机构某一状态特征

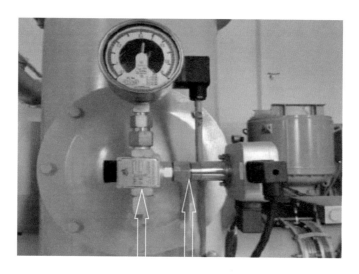

三通阀　变送器接头

图5-9　三合一数字化传感器安装示意图

发生改变时，引起故障的原因或故障点也不可能是唯一的。目前，监测高压开关操作机构主要还是采用信号对比的方式，当某一表征信号相比于正常情况有变化时，就可能发生了故障。

根据国家相关标准，机械特性试验的检测项目有：触头开距、超行程、三相不同期、分合闸时间、分合闸速度和分合闸线圈电流。起重分合闸时间是表征开关机械特性的最重要的特征参数。

开关机构可以采用安装光编码位移传感器和霍尔电流传感器实现机械特性的监测和告警，主要监测的参数有：分合闸时间、分合闸速度、分合闸线圈功率、行程曲线、跳圈电流、合圈电流、断路器动作次数统计。

高压开关操作机构机械特性监测和告警的传感器安装的具体情况如图5-10所示。

5.3.1.4　避雷器在线监测及数据采集

避雷器是电网中保护电力设备免受过电压危害的重要电气设备，

（a）传感器造型 （b）传感器安装位置示例

图 5-10　开关机构传感器安装示意图

其运行的可靠性将直接影响电力系统的安全。以往，对避雷器的监测靠人工每日或每周巡视电流表来进行，无法及时发现故障，更难以发现可能产生故障的较大缺陷。劣化程度较快的避雷器完全有可能在 1 个巡视周期内就发生爆炸，近年来发生的多次类似爆炸事故，不但带来了巨大的经济损失，而且严重威胁到电网的安全运行。对避雷器实施在线监测，可以及早发现和排除故障，避免发生避雷器爆炸，健全变电站避雷器的安全运行预警系统。

避雷器在线监测目前有两种：一种监测是避雷器雷击次数及全电流在线监测，这种装置只能够测量到避雷器的雷击次数和避雷器泄漏全电流，只能作为设备检修维护的依据，不能对避雷器的劣化做出直接判断；另外一种是除了动作次数和全电流外，还监视泄漏阻性电流。阻性电流被公认是可以直接判断避雷器的工作状态量值。

避雷器在线监测实现的功能包括：

（1）实时监测。可监测的数据包括避雷器雷击次数、避雷器泄漏全电流、避雷器泄漏阻性电流、避雷器泄漏容性电流及所对应时间。其数据采集频率为电流每半小时采集一次，一天 48 个数据点，雷击次数实时采集，数据每天回传一次。

（2）预警值的设定。可预先设置预警值为阻性电流增加超过 2 倍或者全电流增加电流超过 50％ 。

如图 5-11 所示，避雷器在线监测系统包括避雷器在线监测传感器（动作电流传感器、零磁通电流传感器、采集单元）、外部电源模块、避雷器在线监测 IED（智能电子设备，Intelligent Electronic Device），其中：

（1）避雷器在线监测传感器是高压设备避雷器的状态感知元件，用于采集和计算避雷器的状态参量（动作次数、全电流 i、阻性电流

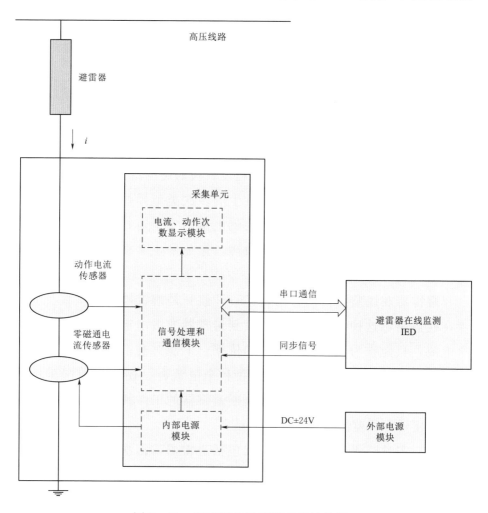

图 5-11　避雷器在线监测系统结构图

等），并上传给避雷器在线监测 IED。

（2）避雷器在线监测 IED 接收避雷器在线监测传感器的数据，实现数据的集中分析处理，并输出数据给后台监控系统。

（3）零磁通电流传感器：测量避雷器不发生动作时的泄漏全电流。

（4）动作电流传感器：测量避雷器发生动作时的大电流。

（5）采集单元：采集泄漏、动作电流传感器的信号，完成阻性电流、动作次数等的计算、显示，与避雷器 IED 进行通信。

（6）外部电源模块：为采集单元提供直流供电电源。

5.3.1.5　变压器油在线监测及数据采集

变压器油气相色谱在线监测系统由现场监测单元、主控室单元及监控软件组成。现场监测单元即色谱数据采集器由油气采集单元、油气分离单元、气体检测单元、数据采集单元、辅助单元、现场控制与处理单元、通信控制单元组成。其中辅助单元包括置于色谱数据采集器内的载气，变压器接口、油管及通信电缆等。其结构如图 5－12 所示。

变压器油气相色谱在线监测系统工作时，先利用油气采集单元进行油路循环，处理连接管道的死油，再进行油样定量；油气分离单元快速分离油中溶解气体输送到六通阀的定量管内并自动进样；在载气推动下，样气经过色谱柱分离，顺序进入气体检测器；数据采集单元完成 AD 数据的转换和采集，嵌入式现场控制与处理单元对采集到的数据进行存储、计算和分析，并通过专用接口将数据上传至数据处理服务器（安装在主控室），最后由监测与预警软件进行数据处理和故障分析。

5.3.1.6　水电机组运行状态监测及数据采集

水电机组运行状态监测数据采集一定要量化，系统根据安装在机组上的摆度、振动、压力脉动、空气间隙、抬机量等测点的原始信号，结合诊断机理、现场检修工艺而自动分析计算出来的能够直接用于指导检修或诊断故障的检修指标参数和诊断指标参数，已经不是简单意

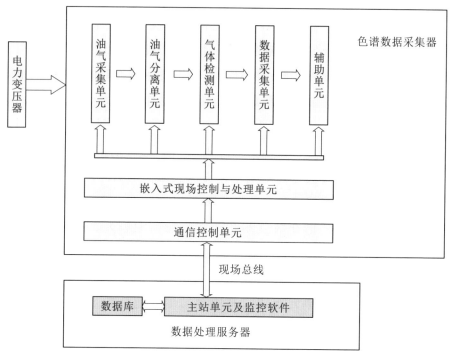

图 5 - 12　变压器油气相色谱在线监测系统结构示意图

义上的振动值、摆度值，而是经过深入挖掘由计算机自动分析计算而得出的"本质"参数。更为重要的是，绝大部分参数不仅是现场检修中需要测量和考察的，而且是现场工程师可以理解和使用的，可以直接用于指导现场的检修工作，实现针对性检修或精细检修，达到越修越好的效果。只要记录检修前后的数据，利用检修前后这些量化参数的变化，就可以进行直观的检修前后效果比对，从而实现检修效果的评价。

对于新建水电站，利用这些量化参数，可以对机组的制造、安装质量进行评价，对机组的现场验收和质量监督非常有益。同时这些量化参数中有一部分参数直接对应机组故障，可以作为故障判定的依据。这些量化检测参数主要有：①推力轴承状态的参数，包括镜板与主轴不垂直度及方位、推力瓦不水平度及其方位、镜板波浪度、推力油膜厚度；②主轴姿态的检修参数，包括大轴弯曲量及弯曲方位、盘车效果校验；③反应轴瓦调整效果的参数，包括三部导轴承不同心度、导轴承间隙调整裕度；④过流部件检修及诊断参数，包括导水机构不对称度、转轮结构不对称度；⑤定转子空气间隙检修及诊断参数，包括定子不圆度、转子不圆度、定转子相对偏心值及方位、转子气隙不均匀度、磁场强度不均匀度、转子结构变形值；⑥诊断指标参数，包括质量不平衡对稳定性影响值及超重角、磁拉力不平衡对稳定性影响值及方位。

通过上述量化检测参数，可以进一步针对水电机组运行状态进行监测。

（1）推力轴承的监测。在推力油盆内部，沿圆周方向，布置电涡流位移传感器，面向镜板安装，在线测量镜板在机组运行当中的运动情况，通过专用分析工具，可以直接得出：镜板与主轴不垂直度，镜板波浪度、镜板表面不平度、推力瓦不水平、推力轴承油膜厚度等一系列量化技术参数，全面反映推力轴承状态（图 5-13）。

（2）不平衡电磁拉力监测及数据采集。电磁拉力不平衡主要由空气间隙（简称"气隙"）不均、匝间短路、定转子的不圆度及转子偏心等原因形成。有静态磁拉力与动态磁拉力两类。静态磁拉力使轴的回转中心发生偏移，表现为轴摆度的均值发生大的偏移。动态磁拉力使轴的摆度和机架振动变大。如图 5-14 所示，利用励磁电流变化过程中，机组振动、摆度的变化和机组轴线位置的变化，通过矢量计算，可以计算出旋转磁拉力对机组摆度、机架振动影响的大小和方位以及静态磁拉力对机组轴心位置影响的大小和方位。

（3）气隙监测及数据采集。气隙不匀由定转子圆度不够、磁极伸长、定转子相对偏心造成，是造成磁拉力不平衡的主要原因。利用安装在定子内壁上的 1 只气隙传感器就可以测得转子不圆度，而利用均布在定子内壁的多支气隙传感器，可以测量获得定子圆度。如图 5-15 所示，同时利用多支气隙传感器还可以计算定转子的相对偏心大小及其

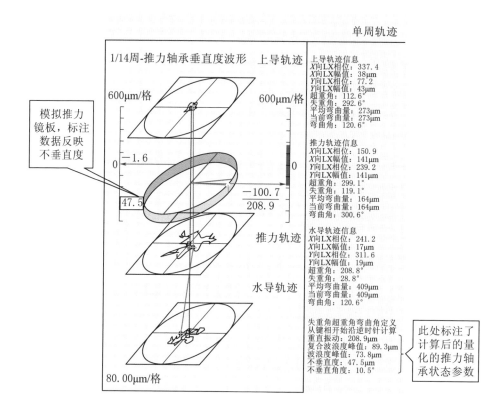

图 5-13　推力轴承空间轴线图

方位；需要注意的是定转子相对偏心方位就是使机组主轴轴心偏移的静态磁拉力方位，这两个方位应该是接近；而评价气隙不匀，只要考察最大气隙和最小气隙的差值即可。

5.3.2　水力发电智慧检修的数据平台及数据处理

国能大渡河公司在整个流域内建设运行有多个不同类型的水电站，分布于流域各地，各个水电站的生产数据由数据采集系统采集，数据量庞大，数据类型繁多，维护使用困难，需要建设数据共享平台，并在此基础上开发数据挖掘、计算、分析、诊断功能，建设专家系统，通过机组运行参数的趋势分析，得出检修策略，提高检修管理的科学

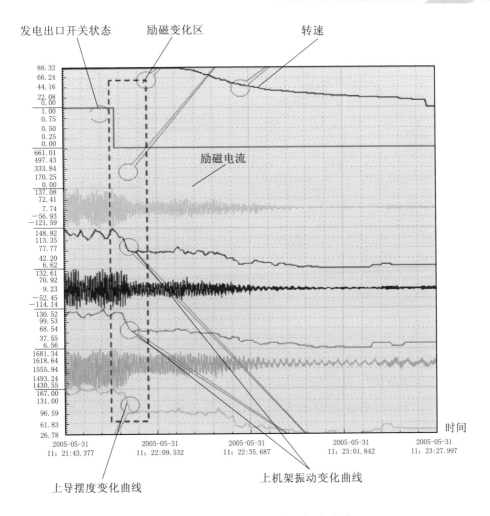

发电出口开关状态   励磁变化区   转速

励磁电流

上导摆度变化曲线   上机架振动变化曲线

图 5 - 14   机组停机过程中的摆度变化

性和有效性。

5.3.2.1   设备编码

设备编码与现有设备编码保持一致。设备编码采用一定规则来建立设备标准库，按系统、设备、部件划分，结合编码对象不同的功能，给编码对象编码并唯一标识该对象。再结合设备标识码、安装位置、说明与分类，可以用最简练的方式对设备进行详尽的描述说明，同时形成编码审批流程，实现设备编码的闭环管理。

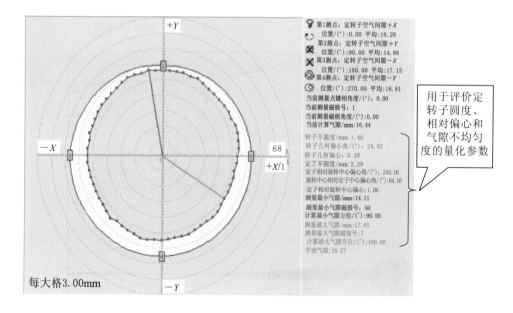

图 5 - 15　气隙圆图

5.3.2.2　设备树

设备树是以台账信息为核心进行数据管理，主要包括设备台账信息、设备检修信息、设备缺陷信息、设备基本信息管理与设备台账管理等。

（1）设备台账信息，包括关联设备的概况及其技术细节、文件、图册、设备安全运行周期、相关技术资料等，以及设备的读数记录、检测记录等数据，比如设备的名称、类型/类别、单价、供应商、制造厂、对应备件号、采购信息，如采购日期、采购单价、保修信息等。水电站设备台账涵盖设备前期管理、设备日常运行、设备检修、设备评级、设备停复役、设备异动等管理过程。系统应可建立设备目录，实现设备分类管理并记录各分类设备的专门属性，建立设备与备件的关联管理。应能支持多媒体文档格式，便于使用人员查找与维护设备。

（2）设备检修信息，包括每次设备检修时间、停/复役时间、检修性质、检修前后状况、测试数据，消除的缺陷、局部变动和更新、检修中耗费的材料、工时、人员，检修后存在的问题及对策等，检修信息记录在相应的工单中，并可及时查询。

（3）设备缺陷信息，包括设备发生的缺陷记录及缺陷处理情况，并可查看该设备缺陷处理的流程，以及执行人员在各个步骤填写的处理意见和最终的处理结果。

（4）设备基本信息管理，是用来建立设备的基础台账信息和进行设备故障和设备维修成本分析，还包括设备分类、技术参数、与设备相关风险及预防措施等信息。

（5）设备台账管理，是对设备管理相关的信息汇总和展现的功能，数据包括设备的编码、命名、安装位置，设备的型号规格、分类、技术参数、出厂编号等；同时记录设备的维修记录、设备异动记录、评级信息、定检记录、备品备件、技改等；还可以建立设备对象与各类文档的关联，建立设备检修文件包等其他设备管理文档。

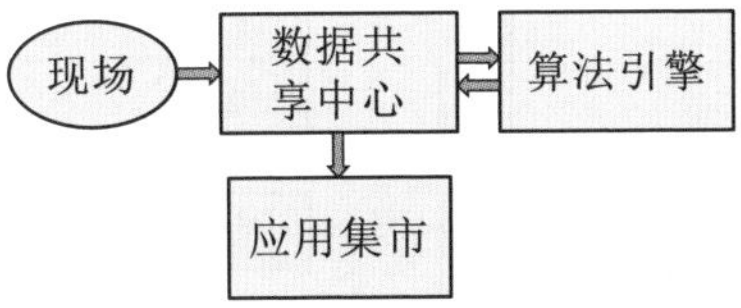

图 5-16　数据平台结构图

5.3.2.3　数据平台

如图 5-16 所示，一个完整的数据平台由三部分组成，分别是：数据共享中心、算法引擎和应用集市。三大中心的内部功能结构如图 5-17 所示。

1. 数据共享中心

数据共享中心，即大数据库，由数据采集系统采集到的数据全部汇集到数据共享中心。数据共享中心包括以下功能模块：

（1）编码管理与服务：对所有数据进行编码绑定，通过编码管理和使用数据。

（2）数据服务接口：为外部应用程序提供标准统一的数据访问接口。

（3）数据库同步接口：当外部数据采用数据库形式存储时，采用增量同步的方式，将源数据库数据同步存储到数据中心的功能接口。

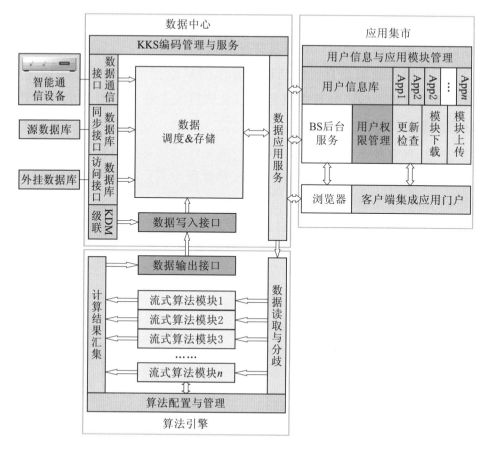

图 5-17　三大中心的内部功能结构图

（4）数据库访问接口：将源数据库当作外挂数据库，需要数据时直接访问读取，不进行数据库转存。

（5）级联接口：是通信接口，可在两个数据中心之间进行结构化数据交互，是多个平台级联形成分布式系统的关键部件。

（6）数据采集接口：从智能数据终端读取并存储数据的接口。

（7）数据存储与访问：基于数据编码，实现数据存储、检索、访问等功能的软件模块。

2. 算法引擎

算法引擎，即数据中心的协处理器，采用流式算法，对来自数据中心的采集数据进行在线加工和计算，形成多种计算参数后写入数据中心，是量化技术的实现载体。算法引擎协助数据中心完成数据的加工和处理，多用于加工计算各种特征量和统计量，是实施数据挖掘的核心部件，功能特点如下。

（1）采用流式算法，在线实时运行。

（2）内置算法配置和管理，可以配置多个独立运行的算法模块。

（3）输入数据来源于数据中心，由算法引擎统一读取，再分发给各算法模块，避免数据重复调用，减小数据中心负荷。

（4）计算结果汇总存入数据中心，利用数据中心的数据共享功能，供应用程序使用。

3. 应用集市

应用集市，即应用商店，采用开放式架构，管理和发布应用程序，完成与应用功能相关的所有管理和服务，用户使用这些应用功能时需要下载集成应用门户。

系统中，应用集市由一系列独立的应用模块组成。各种监测、分析、诊断等数据挖掘功能，均以独立软件模块的方式提供，称为应用模块。各式各样的应用模块满足多样化功能需求。每个应用模块都是独立的程序，可以由不同的开发商开发。应用模块可以在标准化数据接口的基础上不断开发和扩展。

应用集市采用 App Store 模式，组织和管理应用模块，不同开发商开发的应用模块，统一存储在应用服务器上，由应用管理程序进行管理，通过对应用模块库中的各个应用模块上传和下载服务方式来供用户终端上的应用门户使用。

5.3.2.4　设备状态量化评价技术

设备状态量化评价技术是采用分区评价方法，对反映设备健康状态的一组特征量进行评判的技术，评价的结论以正常状态、注意状态、异常状态、危险状态四级来表示，每一个特征量与具体的检修内容和检修策略相对应，可以直接定位故障和缺陷。

设备状态量化评价技术主要包括量化评价模型、设备状态的分类与量化、趋势分析，是一种用于状态评价的算法策略，非常适合在计算机系统尤其是软件平台上在线执行，形成可工程化配置的全自动在线故障诊断系统。

（1）量化评价模型。传统意义的设备状态是一种模糊的概念，必须进行量化的处理才能引入信息化系统，即"状态的量化"。大多数在线监测系统所获得的采集量并不适合于作为评价量，必须经过深刻的机理设计和算法挖掘，才能得到有效的评价量。这里，需要对每一种设备设计它的特征量集合，既包含直接采集的数据，也包含必须通过计算获得的计算量。

（2）设备状态的分类与量化。

测量状态：按测量装置分类，如振摆状态、压力脉动状态、气隙状态、温度状态、色谱状态等专业测量设备或系统所提供的状态。

部件状态：按设备部件分类。

发电机状态：转子、定子、导轴承、推力轴承状态等。

水轮机状态：转轮、导叶、水导轴承、顶盖状态等。

系统状态由系统所包含的部件的状态按确定的逻辑进行推断；而部件状态因与设备一一对应，更有益于现场应用，其原始数据来源于各种测量系统。

（3）趋势分析。如图 5-18 所示，利用数据共享平台的编码配置工具，可完成设备状态量的采集。通过算法配置可得到计算量，通过组态软件的配置，可按多种方式展示测量量，计算量和评价量，判断阈值，生成趋势分析报表，为检修测量提供依据。

5.3.3 基于全生命周期的水力发电智慧检修创新实践

针对水电站传统检修方式存在数据挖掘简单、检修策略粗略的不足，结合国能大渡河公司智慧检修探索经验，围绕水电站主设备全生命周期监测诊断和检修策略进行研究。从设备全生命周期管理角度提

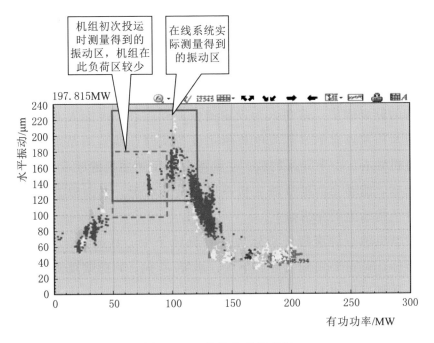

图 5 - 18 趋势分析示意图

出对水电机组的动态自适应监测、数据挖掘、健康状态评价、趋势分析、故障预警等若干关键问题，基于时间序列分解模型的趋势预测，构建数学诊断模型，提高故障特征向量的准确度，实现发电机和水轮机两大旋转主设备的实时诊断及故障预测，评价设备健康状况，结合电力市场、水情、人员、物资等信息，自动给出机组检修策略，实现水电站智慧检修。

在水电站自动化水平不断提高的前提下，国能大渡河公司提出"打造幸福大渡河、智慧大渡河，建设国际一流水电企业"的目标，智慧企业建设达到国际领先水平，对智慧检修进行积极探索。智慧检修是在状态检修的基础上进一步发展而来，它与状态检修有着本质的区别。智慧检修能够结合当前健康状态对未来很长一段时间的设备状态进行预测，结合电力市场、人力、物资以及水情信息，自动生成最优的检修维护策略，并对检修过程实施管控，对设备修后质量自动进行评价。

5.3.3.1　健康评价

水电机组健康评价是以在线监测为基础，引入特征值的健康评价方法。采用数据挖掘技术根据历史数据构建随环境参数自动调节的科学合理的健康阈值，避免人为设定阈值的局限性。国能大渡河公司基于全生命周期理念的水轮发电机组主设备实时在线监测系统挖掘建立了发电机轴心、上下导瓦均载、主轴弯曲等反映主机健康状态的 44 个特征指标，能够全面地反映主机系统的健康状况。下面以发电机轴心健康特征指标为例介绍如下。

发电机轴心健康特征指标为发电机转子中心线的实际回转半径。特征指标计算需要用到上导、下导、水导 X 向、Y 向摆度测点的波形数据，计算过程如下：

第一步，以上导、下导、水导三部导轴承处摆度波形数据建立空间模型模板，计算摆度影响量。

第二步，通过模型计算出摆度影响量的特征值输出。

第三步，根据数据挖掘方法确定特征值的健康范围和预警级别。

第四步，对从模型中提取出来的特征值进行报警判定后形成指标，健康度诊断机理如图 5-19 所示。

5.3.3.2　趋势分析方法

对于长期连续运行设备来说，发生设备故障大多数是一个缓慢的劣化过程。在劣化早期阶段，状态参数变化较小，不足以越限触发报警，无法满足故障提前预警的要求。还有些指标量会随着时间、工况、环境的不同而出现不同的结果。比如机组振动，在夏天和冬天，监测值就不完全一样，由于两个季节冷却水温度不同，引起油温不同，进而导致钢结构体的热胀冷缩效应，从而发生振动的变化，或导致在最大振幅下，甚至要重新调节瓦隙，或做水轮机组动平衡试验。传统监测手段无法做到智能实时监测和提前预警，而利用状态监测和故障诊断捕捉故障征兆则能做到早期预测和防范故障。

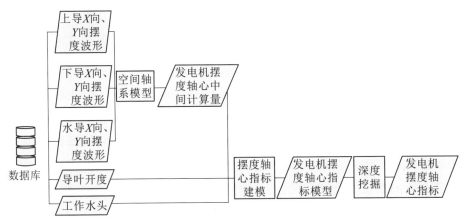

图 5-19　发电机摆度轴心健康度诊断机理

机组设备缺陷因为数据互通及发电企业管理理念的影响，难以甚至无法收集完整的缺陷样本，它不像下围棋，可以反复提供模拟实践机会，也不像人体药用疗效试验，可以找小白鼠进行试验，机组设备没有机会去尝试或者多次试验。因此，急需要引进先进技术完成对设备的预警预测。

如图 5-20 所示，智慧检修把水轮机组监测量的数值按一定的时间间隔排列就可以得到该特征量数值的时间序列，引入时间序列分解模

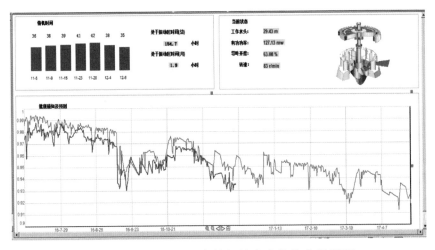

图 5-20　某水电站水轮机健康度趋势分析预测

型，分析并区分影响特征量数值变化的因素，并分别分析其对时间序列变动的规律，以揭示因机组潜在故障引起的长期趋势变化规律，并预测其未来发展趋势。

5.3.4 水工金属结构设备实时在线监测与智能管控

水工金属结构设备实时在线安全监测技术为防止金属结构设备振动、磨损、变形、缺陷扩展产生的危害，保障水电站的安全运行，提供了有效的解决方案和手段。大岗山水电站是国内首次为闸门研制、安装实时在线监测系统，并开展闸门智能管控实施研究的水电站工程。通过对关键参数的实时监测，建立了完整的水工金属结构实时在线监测安全评价体系。这项研究和应用填补了国内水工金属结构实时在线监测领域的空白。

5.3.4.1 水工金属结构设备的重要性及实时在线监测的必要性

水工金属结构设备通常包括闸门、启闭机、引水压力钢管、钢岔管、机组蜗壳等，是水电站的重要设备和设施，承担着水电站泄洪、发电引水、农田灌溉等重要功能，一旦出现故障或事故，将对水电站发电效益和下游人民群众的生命财产安全造成严重后果。

因此，水工金属结构设备非常有必要进行实时在线监测，通过布置在设备上的传感器，实时监测设备的运行状态，当设备运行状态异常时进行预警和报警，避免初期故障和事故的发生，确保设备的运行安全。

近期，国能大渡河公司在大岗山水电站实施了国内首次闸门实时在线监测系统，并开展了闸门智能管控实施研究，填补了国内水工金属结构实时在线监测领域的空白。同时，考虑到水工金属结构设备的重要性，对水工金属结构设备系统化地实施实时在线监测运用的行业标准和管理进行了深入的研究。

5.3.4.2 水工金属结构在线监测系统的研究应用

现阶段，水电站水工金属结构设备常规检修手段为日常巡检、定期检查和专项安全评估检测。这种常规检修手段对设备的健康运行起了很大作用，但仍存在以下缺点和不足：①通过人工视听判断、根据经验简单检测；②工作量大、效率低；③某些项目难以检测、无法检测；④检测工作实施时安全风险大、相对辛苦；⑤受人的情绪影响，也因人的能力而有所局限，有漏检误判风险。

水工金属结构实时在线监测研究的目的，是为研究水工金属结构失效的内在原因，对水工金属结构的关键参数进行实时监测，进而建立起完整的水工金属结构实时在线监测的安全评价体系。据相关文献统计，水工金属结构设备失事破坏的主要形式有强度破坏、振动破坏、动力失稳、结构变形、主要部件失效等。对于闸门、启闭机、引水压力钢管、钢岔管、机组蜗壳等不同类型的水工金属结构设备，其失事破坏的主要原因各不相同，监测系统的关键参数需涵盖主要故障源。

1. 闸门实时在线监测关键项目

闸门事故原因主要有四个方面：流激振动破坏、闸门超标准运行、关键部件（如支铰、定轮、链轮）失效、制造安装质量及管理事故。由此引发闸门的应力接近屈服强度、结构共振、门叶卡阻、主要部件失效等问题，相应地，闸门实时在线监测的关键项目如下。

（1）流激振动监测。监测特征部位的振动加速度值、位移值、频率值，在振动位移超标和振动频率接近固有频率时能够预警和报警。

（2）应力监测。监测出主梁、支臂、吊耳等关键部位的工作应力值，并根据实测工作应力值解析出静应力值和动应力值，在静应力值和动应力值超标时能够预警和报警。

（3）运行姿态监测。监测出闸门中心线在启闭过程中的运行轨迹，计算出闸门门体到侧轨之间的距离，当间隙超出特定值时能够预警和报警。

（4）关键部件工作状态监测。监测出弧门支铰、定轮门定轮和链轮门链轮等关键部位的运行状态，在运行状态异常时（支铰轴承抱死、定轮不旋转等）能够预警和报警。

2. 启闭机实时在线监测关键项目

启闭机在各种工况条件下运行，出现各类微观缺陷和不稳定的动态响应，包括疲劳、磨损、变形、制动器故障、减速器故障、钢丝绳故障、保护盘跳电、变频器故障及车轮与轨道故障等。相应地，启闭机实时在线监测的关键项目如下。

（1）主要构件工作应力实时在线监测。监测出主梁、卷筒轴承座支撑梁等部位的工作应力值，在工作应力值超标时能够预警和报警。

（2）起升机构的状态监测和故障诊断。起升机构为典型的旋转机械，状态监测和故障诊断适用于旋转机械的振动频谱分析法。起升机构的制造、安装误差和运行工况是振动的激励源。振动诊断技术是利用正常机构的动态性（如固有频率、振型、传递函数等）与异常机构动态特性的不同，来判断机构是否存在故障的技术。起升机构故障诊断可诊断的故障类型有：安装基础不良（基础松动、基础焊缝开裂）、轴系不对中、转动部件不平衡、齿轮故障、滚动轴承故障、机械配合不良、共振等。

（3）卷筒、制动器轴向窜动监测。监测制动盘和卷筒在旋转过程中出现的最大摆动量（端面跳动量），当制动盘和卷筒旋转摆动量（端面跳动量）超过设定的阈值，给出报警信号。

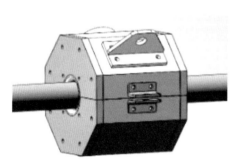

图 5-21　钢丝绳缺陷检测传感器

（4）钢丝绳断丝和截面积损失监测。钢丝绳缺陷检测传感器为一体式套筒结构（图 5-21），钢丝绳运行时从套筒内非接触通过，传感器内部分为激励和信号采集两部分，采用电磁或永磁激励，通过测量磁通量的变化量或漏磁量大小，计算出钢丝绳磨损和截面积减少。钢丝绳缺陷检测传感器采集钢丝绳磨损、断丝、缩径等数据（图 5-22），分析和诊断钢丝绳的安全性。当出现磨损量增大、断丝、缩径比例增大等异常时,报警并提供异常报警原因。

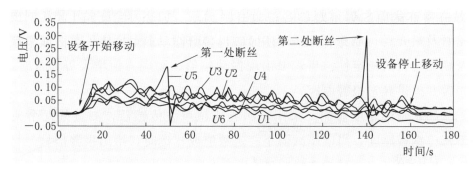

图 5-22　钢丝绳断丝信号

3. 引水压力钢管、钢岔管、机组蜗壳实时在线监测关键项目

引水压力钢管、钢岔管、机组蜗壳事故原因主要有:焊缝或板材内部微小缺陷扩展导致的开裂或渗漏、内水或外水压力导致的失稳、高速含沙水流导致的管壁磨损、腐蚀导致的管壁厚度减薄,由此引发引水压力钢管、钢岔管、机组蜗壳承载能力降低、渗漏、开裂、失稳等问题。相应地,引水压力钢管、钢岔管、机组蜗壳实时在线监测的关键项目如下。

（1）缺陷扩展监测。内部微缺陷在外力或内力作用下产生扩展时,会以弹性波的形式释放应变能,弹性波在弹性介质中的传播现象即为声发射现象。采用声发射检测传感器可以监测出缺陷扩展的信号（图5-23）,当监测

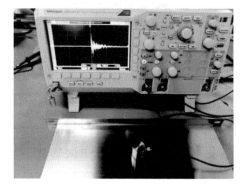

图 5-23　声发射断铅试验（模拟缺陷扩展的信号）

发现缺陷扩展信号、萌生裂纹、渗流等异常时,给出报警信号。

（2）应力监测。通过布置应变传感器测点,采集压力钢管、钢岔管及蜗壳主要受力部位的工作应力数据,分析压力钢管、钢岔管及蜗

壳结构强度的安全性。当测试数据超限时，应报警并提供异常报警原因。

（3）结构振动。通过布置加速度传感器测点，采集压力钢管、钢岔管及蜗壳运行状态的动态响应数据，分析和判断压力钢管、钢岔管及蜗壳运行的稳定性。当管壁出现振动幅值、动应力值增大等异常时，报警并提供异常报警原因。

（4）管壁厚度监测。采用电涡流或超声波传感器，测量某几个典型部位钢板厚度，当壁厚减薄至一定数值或比例时，给出报警信号。

5.3.4.3　水工金属结构在线监测技术在大岗山水电站的运用

大岗山水电站闸门实时在线监测系统综合了结构实时应力监测、振动模态监测、运行姿态监测和支铰轴承故障监测等功能模块，监测界面如图 5-24 所示。

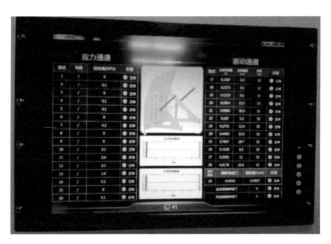

图 5-24　监测界面

图 5-24 左侧显示的为应力值，中间上部为测点示例图，中间下部为支铰轴承声发射监测值，右侧上半部分为流激振动监测值，右侧下部分为闸门运行姿态和支铰轴转动监测值。

大岗山水电站闸门实时在线监测系统的"频率扫描法"识别水工金属结构自振频率和声振技术监测支铰轴承故障属国内首创，对破解国内水工金属结构设备状态在线监测难题具有较大推进作用。

1. "频率扫描法"识别水工金属结构自振频率

采用带偏心质量块的变频电机在设备特征部位实施激振，激振频率从 0Hz 逐步升高至 200Hz，识别出闸门的共振点，为科学设定闸门振动监测阈值（振动位移值、振动频率值）奠定基础。图 5 - 25 为测试现场。

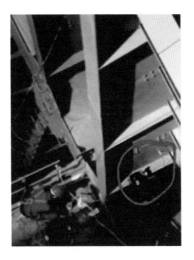

图 5 - 25　测试现场

表 5 - 2 为弧形闸门在流激振动条件下的动态响应测试数据。可以看出，当闸门振动响应频率低于 40Hz、且位移小于 0.09mm 时，闸门的振动响应处于安全范围。当闸门振动响应频率接近 40Hz 时，应有二级报警提示；当响应频率接近 50Hz 时，闸门受泄流引起的振动已经具有危害性，应有三级报警并采取措施；当闸门响应频率接近 52Hz，就处于严重危害的级别，必须采取应急响应措施。

表 5 - 2　　　　激振器激振频率与弧形闸门的动态响应

峰值	测点加速度 /g	测点位移 /mm	激振频率 /Hz	激振器转速 /(r/min)
第 1 个波峰	0.57	0.09	40	2400
第 2 个波峰	4.95	0.48	50.6	3039
第 3 个波峰	7.95	0.72	52.18	3131
第 4 个波峰	1.46	0.09	64.5	3872

从测试数据上分析，三级报警距离四级报警的间隔很近，这提示阈值设定的运行软件，一旦出现三级报警，必须采取措施，防止闸门的振动响应出现恶化趋势。

2. 声振技术监测支铰轴承故障

监测滚动轴承（高速）故障的典型手段是使用加速度传感器，这有国际通行的方法和标准。但是，支铰轴承属于低速、重载的滑动轴承，加速度传感器不能准确、定性诊断其故障。加速度传感器和声发射传感器复合在一起，组成声振传感器。声振传感器具有带宽大、灵敏度高等特点，可较为准确地检测出滑动轴承的剥落、裂纹、压痕、腐蚀凹坑和胶合等缺陷，较好地进行故障定性和诊断。图5-26为典型轴承摩擦的声发射监测信号。

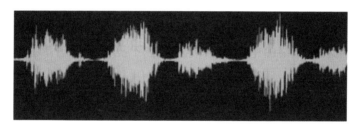

图5-26 典型轴承摩擦的声发射监测信号

5.3.4.4 水工金属结构实时在线监测的管理研究

水工金属结构实时在线监测对于设备全生命周期管理具有重要的意义，可起到改善设备运行状态、延长设备服役时间、提高设备资产价值等作用。

（1）设备设计选型阶段。在线监测系统数据分析、挖掘必然会对金属结构的设计有所反馈，对于金属结构设备选型和结构优化会起到借鉴和促进作用。根据实时在线监测系统的运行数据和专家分析系统，可以指导设计选型、优化结构型式，对设备的设计选型起到技术支持作用。

（2）设备制造阶段。设备制造阶段常见问题的多次出现一定会引发在设备制造过程中加强制造方法和工艺的改进，实时在线监测系统可以进行产品质量评价、指导制造工艺改进，对设备制造质量提升起到促进作用。

（3）设备安装调试阶段。安装、调试、验收过程中的原始数据对制定科学、优化的运行方案，建立数学模型、设置监测阈值等具有重要的参照借鉴作用。

（4）设备运行阶段。实时在线监测系统可以实时、准确、全面地掌握设备的运行状态，可识别出设备的健康状态，可以实现真正意义上的无人值班运行。

（5）设备检修阶段。实时在线监测系统可实现设备维修管理从现行的计划检修（TBM）向状态检修（CBM）转变，可提高设备的利用率，减少维修时间，降低维修费用，同时也可压缩备件库存量，减少浪费、损耗。

（6）设备报废阶段。实时在线监测系统实现可预测设备的使用寿命，可以为设备的报废和重建提供数据支撑。

5.3.5　水力发电设备状态检修策略的智慧化技术

传统的水力发电检修采用计划检修模式，管理中以各工种为界限，划分不同专业班组，检修期通过各班组完成各专业子项目以实现整个项目的完工，检修工程中各专业人员的抽调、工作安排，奖励分配管理权限在各班组，各班组管理相对独立运行。在检修项目繁杂、人力资源短缺以及市场竞争压力下，传统检修模式越发不能适应目前水电检修的高速发展，亟须探索新的检修模式与管理方法。

设备状态检修采用智慧化手段，根据先进的状态监测和智能的诊断技术提供设备状态信息，准确判断设备的异常，预先获知设备的故障，能够在故障发生前进行合理检修，即根据设备的健康状态来适时安排检修计划，科学准确地实施设备检修。

1. 数据分析

（1）单一设备数据的综合分析。通过一段时间内，对设备多层面状态数据的收集和分析，总结设备运行规律。如调速器油压装置运行分析，可结合油泵启停频率、机组负荷调整情况、开停机（或紧急停机情况）等情况进行多维度综合分析，总结油泵运行规律。

（2）设备对比分析、总结。同机组比较分析。部分测点每台机组都会配置若干个，如瓦温、冷却器热风温度等。同一机组中这些测点，其逻辑和变化趋势应一致或相近。对这些测点进行集合趋势分析，可用于比较或推测与其紧密相关的所有测点的数据分布规律。

不同机组比较分析，是对同一测点在不同机组间的同名测点的集合趋势分析方法。对于设备机型、布置形式、配置基本相似的水电站，选取多组样本相同或相似设备的数据做分析，总结规律更加真实，更有助于设备的分析和总结，为运行维护提供指导。通过对相同型号的设备进行数据对比，分析指标不好的原因，如安装工艺、环境干扰等，进而为下次检修、维护提供参考；通过对比相同作用的设备数据，分析设备的优劣，为技改设备选型和数据分析提供参考。

（3）总结设备运行动态定值。当前的计算机监控系统报警、预警功能已比较完善，但仍然有提升空间。如设备运行定值方面，定值为单一固定值，一般依据出厂说明书、规程规范、理论计算等确定。但每台设备的安装工艺、系统之间配合、动态和静态工况是有差异的，单凭单一的固定值作为定值不是很合理，定值太小，容易刷屏，影响值班人员的判断；定值太大，起不到预警和保护的作用。可以在总结设备运行规律的基础上，制定合理的动态定值。比如水导油盆油位，机组停机状态下的油位要比发电运行状态下的油位低。又如机组振动、摆度数据，如果以单一固定的定值和延时配合作为报警值，并不是很合理，因为不同工况下，机组的振动、摆度值不同，需结合水头、所带负荷确定定值。甚至随着环境温度、季节的变化，总结、确定动态的定值。

（4）设备运行区域划分和统计。收集机组一段时间内各水头、工况下的振动、摆度、压力脉动、噪声等数据，参考模型试验，得出综合特性曲线，进而确定机组的运行区域，为运行提供指导。同时对机组禁止运行区、限制运行区和稳定运行区数据进行统计，为状态检修决策提供参考。

通过对设备的数据分析，判断设备的健康状况，评价设备的状态，为状态检修提供决策；整合设备健康状况、检修情况、设备故障等信息，为运营管理提供决策支持。

2. 设备故障迅速分析

水电站机组结构复杂，故障的原因多种多样，因此，故障案例和故障数据的积累尤为重要，单个水电站或单台机组出现故障的概率不高，建立设备故障库，广泛积累故障数据，为故障诊断方法的研究提供更多的样本。同时，故障库应能展示设备故障前、故障过程的运行状态和数据，能够记录设备故障的分析过程、方法、方向及故障处理措施。流域水电站可通过平台查询相关信息，用于技术培训，当发生类似问题，可以作为解决问题的参考，有助于快速解决设备故障。

此外，通过打破水电站界限，建立开放的交流平台，当某一水电站发生异常或故障时，分布在不同水电站的专家可借助平台查询故障相关信息，并在平台上进行交流，共同分析故障，提出解决对策、物资调剂等，以便快速解决设备故障。

实现公司主力水电站设备的历史数据、运行数据、检修数据及设备故障等信息的整合、收集，建立设备管理数据库，便于及时、迅速分析，全局掌控公司设备状况。

3. 故障预警

结合公司内外部发生的典型设备故障，收集故障前、故障时、故障后设备关键特征数据进行分析，并总结特征参数变化规律，对系统进行开发、建模，建立故障库，使之能反映设备故障前、故障时、故障后设备特征参数的变化过程，趋势或发展方向，以消除缺陷、故障，减少损失。

4. 状态量化

由于传统意义的设备状态是一种模糊的概念，所以必须进行量化的处理才能引入信息化系统，即"状态的量化"。设备状态量化评价技术采用分区评价方法，是反映设备健康状态的一组特征量进行评判的技术，评价的结论以 A（良好），B（合格），C（异常），D（危险）四级来表示，每一个特征量与具体的检修内容相对应，可以直接定位故障和缺陷。这种技术是一种用于状态评价的算法策略，非常适合在计算机系统，尤其是平台系统软件平台上在线执行，形成可工程化配置的全自动在线故障诊断系统。设备状态量化评价技术机理模型见图5－27。

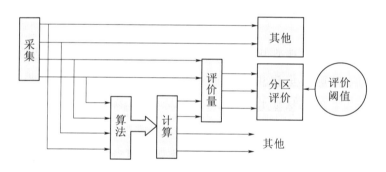

图 5－27 设备状态量化评价技术机理模型示意图

5.3.6 水电机组运行状态健康度评价与大数据趋势预警系统

水电机组运行状态健康度评价与大数据趋势预警运用了自主研发的"超球建模"，利用水电站主设备所有相关测点结合不同历史运行工况数据建立不同的模型。超球建模算法是机器学习算法，是由计算机从工业设备的实时测点数据中建立设备运行的状态模型的算法，建模过程完全由计算机自动实现。超球模型自动对工业对象的实时状态进行在线评估，这个过程称为状态感知。通过状态感知，超球模型将水轮发电机组实时状态总合成一个 0～100% 评价值，称为"健康度 HPI"；系统同时对历史数据进行分析，在构建超球模型的同时，也得到一个健康度的基准值"Hth"，是水轮发电机组运行状态是否健康的评价标准。

水电站关键重大设备的数据模型是基于"超球"模型技术，结合现场的具体工艺情况自动生成。数据模型除了包括设备本体的参数外，还包括与之工艺配套工作的各动设备和静设备的参数。系统选取设备各工艺段的正常运行数据，数据选取的时间段原则上不低于一年，要求在同一时间点上的各参数数值有效。系统通过获取在同一水头下，不同的导叶开度，对应机组的每个工况，利用大数据分析技术预测机组的运行状态走势，设立机组的边缘模型。需要的数据主要有历史数据、检修数据、实时数据等，并需要一个数据存储环境。以设备资产为视角，对于错综复杂的数据需要人工经验进行人为权重的设定，最后将分析结果进行可视化展示，展示数据差异，提供预警，预知预测，能够自动生成诊断结果。

从技术层面上，健康度评价与大数据趋势预警主要有状态评估模型、潜在故障早期预警和设备早期故障预测分析这三个技术手段。

1. 水电机组状态评估模型原理

水电机组关键重大设备的状态评估数据模型基于 iEM 系统的"超球"模型技术，结合现场的海量运行数据自动生成。数据模型除了包括设备本体的参数外，还包括与之工艺配套工作的各相关参数。水电机组状态评估模型建模原理如图 5-28 所示。

选取水电机组各工艺段的正常运行数据，数据选取的时间段原则上不低于一年，要求在同一时间点上的各参数数值有效。系统将以上数据自动筛选，选取最能反映设备各参数之间耦合关联和运行规律的数据创建模型。

将设备历史数据对应的状态点都映射到一个状态空间中，这些状

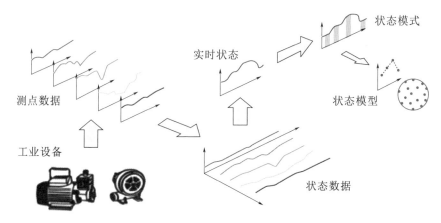

图 5-28　水电机组状态评估模型建模原理

态点都代表着设备对象的正常工作状态，以其中的边界点构造一个外接的超球，这个超球就可以包含历史数据中的所有正常工作状态点，是一个初级的设备对象模型，但用设备初级模型来描述设备的动态模型还不会太精确，例如，设备在状态超球内部，状态与状态之间仍然存在很大的偏差。

　　为完善设备动态模型的精确度，还需要对设备模型超球内部的状态点做比较，根据生成模型的尺度要求，在超球内部定位而设置关联参照点，通过关联参照点的设置进而将设备动态模型的超球内部空间划分得足够细致。经过状态点之间关联相似性的计算，超球的边界点和内部的关联相似参照点共同构成了一个精确的设备过程对象的动态状态模型，即设备的状态"超球"动态模型。

　　2. 潜在故障早期预警原理

　　水电机组运行时，系统自动将实时数据组合成设备的实时状态点，并与水电机组状态数据模型中的各个状态点进行相似度比较计算。当设备的实时状态与历史同工况的状态相似度较高时，则说明设备的安全状态正常，反之，则代表了机组当前的安全状态偏离了所有历史同工况下的运行规律。

　　系统自动将设备的当前状态与历史同工况下状态的相似程度通过一根 0～100％的曲线定量地表述出来，当设备的当前工况偏离所有历史同工况下的安全状态时，系统则在设备各参数报警之前发布潜在故障早期预警。潜在故障早期预警机理如图 5-29 所示。

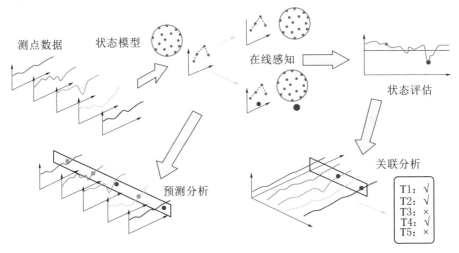

図 5-29　潜在故障早期预警机理示意图

3. 设备早期故障预测分析原理

　　运行过程中，发生机组偏离历史状态安全运行工况时，会自动触发潜在故障早期预警。预警发出的同时，系统自动给出引起机组状态变化的关联测点排序，并对早期潜在故障进行自动关联分析。

　　预测分析是充分利用电站主设备大数据中提取的信息，对设备的状态及相关特征实现预测计算的过程。关联预测分析机理如图 5-30 所示。

　　从具体应用层面上，健康度评价及大数据趋势预警主要有设备状态智能评估、设备潜在故障早期预警、设备潜在故障关联测点排序、设备关联测点状态监测、设备潜在故障定性排序、自动自定义报表等实际功能。

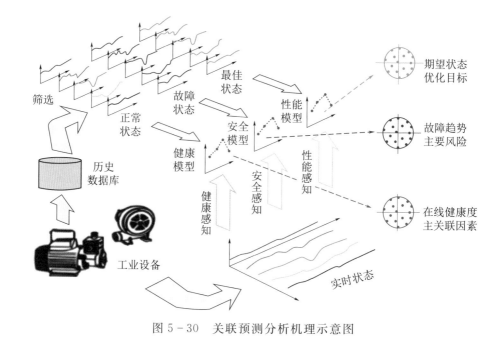

图 5 - 30 关联预测分析机理示意图

5.3.7 新型空气冷却器漏水检测隔离系统

水电站空气冷却器是发电机组重要附属设备，空气冷却器主要由支撑框架、不锈钢冷却管、铝制散热片组成。热交换原理过程：热空气经过空气冷却器的热风进气口通道进入，由空气冷却器的冷风排气口排出，在这个过程中，将热空气中携带的热量传递给空气冷却器的不锈钢冷却管和铝制散热片，不锈钢冷却管和铝制散热片的热量与不锈钢冷却管内的冷却水进行热交换后，热交换后的热量由不锈钢冷却管内的冷却水带走，以得到冷却的空气。目前水电站发电机上运行的空气冷却器普遍为强迫式水循环结构型式，该结构型式要求空气冷却器各处具有良好的密封性能。但是，由于空气冷却器的管材选择、制造缺陷或设备运行老化等方面的原因，水电站发电机空气冷却器不可避免地会存在较大的渗漏隐患。

为了发现水电站发电机空气冷却器渗漏隐患，防患于未然，水电站发电机上的空气冷却器安装了漏水集中采集监测装置。但是，由于空气冷却器及漏水集中采集监测装置的结构特性，这些漏水集中采集监测装置均无法达到应有的效果，主要原因如下：其一，空气冷却器横截面大，潜在渗漏部位多，渗漏信号不能全方位采集；其二，如果冷却管存在沙眼等细小缺陷，渗漏量小，也无法及时监测出渗漏信号，导致渗漏继续恶化最终演变为泄漏；其三，漏水集中采集监测装置在空气冷却器底部采集渗漏水，如果冷却管渗漏水是以喷淋和柱状方式泄漏，该监测装置则不易检测出漏水故障。

由于目前的空气冷却器漏水集中采集监测装置不能满足水电站机组安全稳定运行以及当今智慧电厂运行维护的发展要求，需要研发出新型空气冷却器漏水监测隔离系统，使之能够全面及时、准确可靠地监测、定位空冷漏水，通过就地和后台监控告警，提醒机组运行人员，自动隔离漏水故障设备，避免发电机烧毁，防止设备重大事故，减少运营成本，为水轮发电机组长期安全稳定运行提供保障。

如图 5-31 所示，设计制作空气冷却器漏水检测网，在保证空气冷却器满足设备通风散热要求的基础上，通过进行漏水检测网的可靠性及灵敏性试验，确定漏水检测网的网面丝径和网格密度，选择最优网面。现场查勘发电机定子基座空气冷却器进风口内壁尺寸，设计漏水检测网外框尺寸，选择漏水检测网框架绝缘板材料及板材厚度，强化检测网整体强度，检测网四周外沿加装不锈钢边框。

图 5-31　空冷漏水检测与分控箱

通过系统 PLC 控制器对漏水检测的逻辑编程以及空气冷却器运行工况的画面组态，当系统检测到漏水信号时关闭空气冷却器进排水阀，排除故障后开启进排水阀，实现对发电机冷却器系统漏水的实时监控。

5.3.8　移动式透平油在线精滤除水精密滤油机

根据对国内各大水电站的调研，除了油质的定期化验外，基本各大中型水电站 90% 以上均配有油液过滤装置，即滤油机设备。各水电站的透平油过滤装置主要有板式滤油机和真空滤油机两种类型。检修期间需将机组透平油排至油库储油罐，通过板式滤油机滤除透平油中杂质，再使用真空滤油机滤除透平油中水分，最终将过滤杂质和水分合格的透平油返回至机组，确保机组安全稳定运行。

近年来，部分水电站机组在汛期运行期间，有调速系统回油箱油混水情况发生，油混水装置报警。因机组汛期发电任务重，只能在线滤除回油箱水分，所以迫切需要研发一种体积小巧、便于移动的过滤水滤油机，在不停机的情况下在线滤除透平油中的杂质和水分。

图 5-32　移动式透平油在线精滤除水精密滤油机

针对上述问题，国能大渡河公司研发了一种移动式透平油在线精滤除水精密滤油机（图 5-32），可在机组不停机不排油的情况下在线滤除透平油中的杂质和水分，并可在线监测油液运动黏度、污染颗粒度及含水量。该设备解决了板式滤油机滤除透平油中水分效果较差和真空滤油机体积较大不便于移动的问题，可用于水电站在运机组或油库透平油的精滤除水，提高油料过滤的质量和效率，推进生产智能化，融入智慧检修平台。

　　精密滤油机中油液流经保护过滤器后，进入聚结分离容器内的聚结滤芯，由于聚结滤芯材料独特的极性分子的作用，油液中的游离水以及乳化水在通过滤芯后聚结成为较大的水滴。通过聚结滤芯后的油液进入位于上方的分离滤芯，在此之前，由于重力的作用，油液中较大的水珠已在重力的作用下沉降到容器的下面，但是仍有尺寸较小的水珠在惯性的作用下随同油液向上直至分离滤芯处。分离滤芯由特殊的憎水材料制成，在油液通过分离滤芯时，水珠被挡在滤芯的外面，而油液则进入滤芯并从出液口排出。挡在滤芯外面的水珠经过相互聚集，尺寸逐渐增大，最后由于重力原因沉降到容器下部的储水罐中，油中的水分通过采用聚结分离技术制作的滤芯而被高效滤出。

5.3.9　水轮发电机组的数字轴承技术

　　水轮发电机组推力轴承作为机组的关键部件，它的运行状态直接影响机组的运行安全可靠性和经济指标。目前对于水电站使用的传统轴承通常仅能监测瓦温和磨损量指标，而仅凭这两个指标对于轴承的健康状况、剩余寿命的监测是非常有限的，不能够有效利用机组轴承的运行指标关联性关系智能诊断机组运行状况。

　　检修公司在水轮发电机组仿真机（图 5-33）的基础上，通过对传统轴承升级改造，分析传统轴承故障机理，探索监测手段，研发一套切实可行、经济合理、可实施性强的数字轴承系统，对轴承在不同负载下的运行状态实时动态监测，对轴承自身健康做出精准评判，并通过分析比较大量关联性信息，对机组整体运行状况分析诊断，全面提升机组安全稳定运行水平。

图 5-33　水轮发电
机组仿真机

　　同时检修公司通过研究传统轴承常见的轴瓦烧毁、瓦面磨损、瓦温异常等故障难题，进一步分析故障机理，探索监测手段，研发了一套基于水轮发电机组仿真机的数字轴承三维可视化系统（图 5-34）。该系统不仅能够监测推力瓦的瓦温和磨损量，还能够实时监测推力瓦摩擦磨损量、油膜温度、油膜厚度、进油温度、瓦体温度等指标，并建立油膜厚度三维模型，展示油膜厚度的变化的图像，实现可视化监测效果。

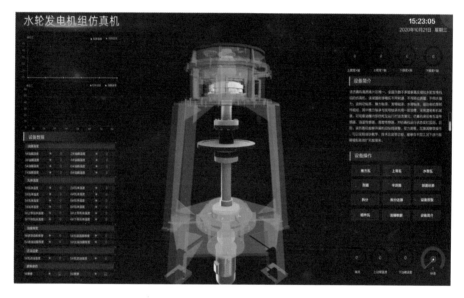

图 5-34　基于水轮机发电机组仿真机的数字轴承三维可视化系统

5.3.10　水力发电智慧检修管理模式的创新实践

　　国能大渡河检修安装有限公司（简称"检修公司"）在成立之初，就被赋予了对内服务大渡河流域电站检修、技改等工作，对外实现经营拓展闯市场的定位，实行自主经营、自负盈亏的现代公司制管理模式。检修公司充分意识到，传统检修管理模式无法实现竞争目标，要在检修业绩上领先竞争对手，就必须改变管理理念和经营方式，树立成本观念、节约观念和效益观念，将机制优势转化为企业的管理优势、效益优势和竞争优势，以做好内部电站检修为支撑，拓展外部市场，实现企业效益最大化。

5.3.10.1　大渡河水力发电检修的基本特点

大渡河水电基地在全国十三大水电基地中位列第五位，规划装机容量2340万kW，已建和在建水电站有以下特点：

（1）机组类型多样，包含了混流式、轴流转桨式、贯流式、冲击式等多种机型。

（2）装机容量多样，单机容量从几万千瓦到几十万千瓦不等。

（3）电压等级多样，既有220kV，也有500kV，既有传统的户外开关站形式，也有新型的GIS形式。

（4）大坝形式多样，既有混凝土坝，也有拱坝、闸坝等多种坝型。

（5）发电历史多样，既有20世纪已建成的老厂，也有近年建成的新厂。

（6）地理环境多样，电站海拔从几百米到2000多米皆有。

这些都为检修公司提供了广阔的内部市场空间和教科书般的实战场地。

做好大渡河流域水电检修是检修公司的第一要务，这是检修公司生存发展之根基，人才培养之源泉。经过多年锤炼和积累，已形成了具备同时检修龚嘴、铜街子、沙坪、枕头坝、瀑布沟、深溪沟、大岗山、猴子岩、吉牛9个电站，41台机组，共1100余万kW容量规模的实力。因此，系统总结检修经验，不断探索实践适合流域检修的管理、经营模式，才能巩固和扩大内外两个市场，促进检修公司长远健康发展。

5.3.10.2　智慧检修模式下的水电检修项目管理

水电机组智慧检修主要是通过建立和完善状态监测分析诊断平台，实现流域多机组运行参数集中监测和分析、诊断，并通过特定算法对历史大数据的挖掘和分析诊断，给出机组运行状态的发展趋势，对可能发生的早期故障预警，确定机组故障的具体原因，给出具有针对性的检修策略。智慧检修模式下的三大支持系统主要为：设备状态诊断评价系统、检修决策系统和生产管理系统。

项目管理是指以项目为管理对象，采用科学的管理方法、手段和工具，通过项目策划和控制，使项目的目标得以实现，并通过项目的有效实施为组织创造价值。

传统的水电检修管理中以各工种为界限，划分不同专业班组，检修期通过各班组完成各专业子项目实现整个项目的检修，检修工程中各专业人员的抽调、工作安排，奖励分配管理权限在各班组，各班组管理相对独立运行。但在竞争激烈的市场环境中，传统检修已不能适应目前水电检修的高速发展，在检修项目繁杂、人力资源短缺以及市场竞争压力下，每个检修项目需要对作业人员、工作安排、奖励机制形成统一高效管理，以便企业能在市场环境中生存。

以国能大渡河公司深溪沟水电站检修为例，其实行的检修项目制中，是以检修项目部经理总负责为主的检修管理体制。检修项目部经理下设总工、安全员，总工下设机械、电气、起重、综合各个专业组，专业组之间相互独立又相互融合。机组检修项目由检修项目部经理总负责，总工负责检修质量、技术监督工作，安全员负责项目安全工作，各个作业小组完成单一检修项目。检修项目组织架构如图 5 -35 所示。

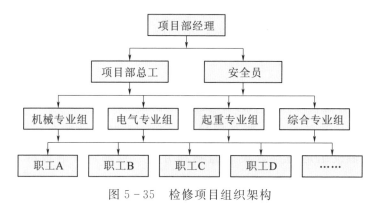

图 5 - 35　检修项目组织架构

深溪沟水电站检修项目是以生产管理系统作为主要基础，通过对机组检修项目的安全管理、质量/技术管理、进度管理、人力资源管理、标准化管理等主要内容，进一步达成基于智慧检修的项目管理新模式。

1. 安全管理

在检修工程中，安全由项目部经理总负责，项目安全员主管，始终坚持降低项目周期安全风险为目的，重点加强全过程人员、机械、用料、方法、环境等因素的控制，通过对项目的全方位、全周期、全过程的规范化管理，实现项目的安全目标。在项目开工前，进行入场前安全培训教育，安全员组织所有参与检修作业人员对检修过程可能出现的各类违章行为、采取的技术措施以及安全防范措施进行集中学习，培训学习结束后组织开展摸底考试，建立安全学习档案，考试合格后方能进入现场检修作业。在检修过程中，实行安全责任制，项目经理处理"安全、质量、工期"三者之间的关系，始终把安全工作放在首位。在整个项目过程中，安全员全权负责项目实施过程中的安全管控，多方位开展安全体系建设和过程管控，完善三级安全监督网络体系，推出各级岗位安全责任清单、安全风险辨识和防范措施落实清单，分层级签订安全承诺书，开展"重细节、找问题、强管理"活动，查找并消除现场安全隐患。设置安全曝光台、个人安全风险预控分析、现场作业安全风险预警预知（KYT）等各类活动，确保检修项目全周期、全方位安全可控。

2. 质量/技术管理

实施过程中，根据检修公司智慧检修中的生产管理系统板块保证检修质量、技术监督工作。该生产管理系统检修管理包含检修作业跟踪、作业任务分配、项目进度管理、项目验收管理等。该管理系统的运行模式为项目总工根据检修项目通知单分配各子项目到专业组负责人，专业组根据工作安排，开展检修作业。检修作业结束后通过手机终端上传作业结束交代及图片。根据检修通知单三级验收项目单，专业组组长作为第一级验收人，作业结束交代后，自动流转到第二级验收人手机终端，第二级验收合格后流转到第三级验收人手机终端，第三级验收合格后该检修作业终结，验收途中若有验收不合格自动退回专业组组长账号，专业组根据反馈结果进行整改后再次流转验收流程，直到验收合格后宣告该作业终结。检修过程中，根据检修通知单关键点见证要求，针对关键点见证项目，专业组将检修过程及结果关键点以图片文字形式上传生产管理系统，生产管理系统根据事先分配的权限，自动将该关键点流转到相关见证人账号，见证人根据结果做出见证结果回复，合格宣告该见证点结束，不合格自动退回专业组，根据反馈结果进行整改直到该关键点见证合格后该见证点作业结束。项目实施过程中，通过检修项目过程跟踪、三级验收、关键点见证及作业工序卡，全方位、全过程、全周期记录检修过程，确保后期检修质量倒查责任制的顺利开展，保证检修作业质量。

3. 进度管理

项目实施过程中，在生产管理系统中，根据检修通知单检修项目，项目总工制定检修计划，各检修项目根据各专业组每天上传作业结果自动完成工期进度跟踪，针对延后工期设置自动提醒，根据检修项目直线工期跟踪检修作业进度，保证项目进度按照检修通知单要求推进，实现检修项目进度全面可控。

4. 人力资源管理

项目人力资源实行项目经理总负责，专业组组长主管。根据项目人员、岗位不同，在智慧企业中的流域生产管理系统中，拥有不同的权限，根据权限的不同，可以开展日常工作票办理，电厂日常的维护以及检修缺陷的处理等工作。项目实施期间每日工作安排由项目总工负责，根据工作性质和施工要求，协调各专业组人员，组成当日作业小组，作业小组实行组长负责制，在项目总工的安排下开展各类检修项目。工作薪酬奖励由基本工资和质量奖两块组成，基本工资根据岗位、工龄等由公司统一确定，质量奖按照多劳多得、检修质量等板块综合分配。项目总工按照工作开展情况记录工作日志及考勤，包含作业内容，作业人员以及作业其他情况，根据修后作业质量、个人作业总工时分配项目质量奖。在项目执行期间，作业人员请休假按照作业任务量、作业人员具体情况由专业负责人负责协调本专业人员请休假，休假情况及时告知项目总工和项目经理。

5. 标准化管理

检修项目实行标准化管理，检修作业任务根据检修工序卡开展每项作业，检修工序卡包含作业任务、准备工器具、技术要求等内容，作业小组根据工序卡标准要求开展各项工作。检修作业现场工器具、物料、设备根据现场定置图实行定置摆放，现场设置检修通道，拉设安全遮拦，安排专职人员开展现场安全文明维护工作，确保现场作业按照标准化管理要求开展。

综上所述，检修公司在深溪沟水电站深入推进智慧检修应用及检修项目制过程中，通过二者的高度融合，突破传统思维，探索水电检修管理新思路，寻找水电检修新理念，在经过多年的探索实践，形成了较为成熟的管理模式，并通过对智慧检修及项目管理模式的总结，对我国探索新型的水电检修模式给予了较好的参考。

5.3.10.3　基于水力发电智慧检修平台的流域级检修管理优化

水电检修作为水电站生产工作中重要的一环，目前的检修模式是提前确定检修项目及工期，而检修项目和工期编排与检修质量、成本以及进度等多方面因素有着紧密的联系。以水轮发电机组为例，流域级的系统检修管理是一个集合了多个水电站生产计划，并结合流域水情等自然环境因素，对检修计划进行多目标优化的问题，旨在进一步节约人力物力，提高检修质量，为发电生产创造更大的效益空间。

1. 平台基础

水力发电智慧检修管理平台是以状态检修为基础支撑，逐步扩充故障诊断算法模型的多场景数据门户。平台实现了信息搜集、状态评价、风险评估、策略制定、计划制定、检修实施以及修后评估共七个功能。

（1）信息搜集：设备监测、运行、试验检修等相关数据。

（2）状态评价：依据评价导则对设备状态进行定级。

（3）风险评估：根据评价结果综合考虑安全、效益等因素对设备风险进行定级。

（4）策略制定：在状态评价和风险评估的基础上结合水电站具体运检特点辅助生成检修策略。

（5）计划制定：根据检修策略辅助制定检修计划。

（6）检修实施：根据检修方案实施设备检修。

（7）修后评估：对检修结果进行评估，根据评估结果调整评价导则。

同时，平台还可以实现在线监测、状态评价、状态预警、风险评估和运检策略等多种功能。

2. 流域级的检修管理优化

水力发电智慧检修管理平台通过对数据的监测、分析和处理可以实现原始数据的存储和融合；同时，通过对机组设备状态、水情水调等数据的分析，在编制检修计划时，亦可以实现对检修工期和项目的管理优化。

流域级检修管理优化研究路线如图 5-36 所示，流域级检修管理优化是以进度、成本、质量为主要的三大控制目标，建立数学模型，对流域级的检修管理进行多目标均衡优化，为检修决策者提供较优的目标管理组合模式，进一步指导生产计划的实行。

（1）决策变量。依据项目管理目标系统理论，分析影响质量完成的相关因素、施工对环境造成的影响因素、成本的构成要素等多个决策变量。

（2）目标函数与约束条件。构建以"进度-成本-质量"为目标函数，以最低进度要求、最高预算成本、质量最低标准等为约束条件的多目标规划数学模型。

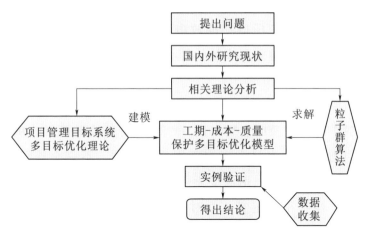

图 5 – 36　流域级检修管理优化研究路线图

（3）建立的数学模型属于多目标非线性规划问题，可应用粒子群算法在多目标规划问题上进行求解，为提高计算效率采用引入惯性权重 ω 和最优解评估选取方法的多目标粒子群算法（MO – PSO）。

（4）选择经典测试函数（Ackley 函数和 Rastrigin 函数）对算法准确性进行测试，再将多目标粒子群算法应用在流域检修管理多目标优化的问题上。

（5）利用实际项目数据，进一步验证数学模型的可靠性以及基于智慧检修平台的流域级检修管理优化结果的有效性和前瞻性。

5.3.11　水力发电智慧检修典型应用案例

5.3.11.1　高压厂用变压器放电现象的智能识别

2018 年，大渡河某水电站高压厂用变压器运行中内部出现金属发热变红的亮光，巡检系统发现变电器放电现象并及时通知运行人员。经及时将变压器停电检查发现，变压器一相高压侧分接挡位连接处已出现了烧蚀现象，因及时停电未造成事故的进一步扩大至变压器烧损。经分析，其故障原因为高厂变分接头后端焊接质量不佳，再加上运行中电磁振动造成分接头内外侧接触不良、电阻增大，逐步发展为严重发热烧红、间隙放电，导致分接头接线柱外侧金属熔化、内侧过热脱焊。智能巡检系统通过对变压器初期放电现象的图像分析，捕捉到事件初期状态，及时处理，避免了事故的扩大和严重的经济损失。

1. 放电识别数据

设备放电会使设备损坏，导致事故发生，所以需要实时监控，如发现设备放电现象，及时告警。图 5-37 为设备放电场景。从图 5-37 中我们可以看出，放电呈现形态不固定、发散、不完全连续、触发往往来自设备内部。如果采用深度学习去识别检测，由于真实样本不足，又难以模拟，标签很难定义，面对不同设备不同场景模型泛化能力必然差，故选择采用传统图像处理的方法来识别放电，实现放电检测。

图 5-37　设备放电场景

2. 放电区域检测模型建立

电力设备放电会产生高亮度的光斑，摄像头实时监测抓取异常视频流图片，利用图像处理的方法结合放电光斑的特征判断是否发现放电现象以及定位放电区域位置。可以用基于亮度的帧差法对图片进行处理，根据背景图平均亮度和亮度变化进行像素特征筛选，获得疑似放电像素；然后将疑似像素聚类获得疑似区域，当这些区域满足一定阈值要求并检测非移动目标时，可判断相应区域为放电光斑区域。放电区域检测模型原理如图 5-38 所示。

在进行放电区域检测之前，首先要进行滤波预处理。在成像通道

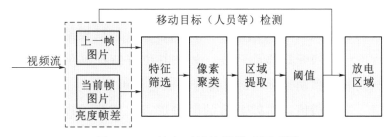

图 5-38　放电区域检测模型原理图

中，最常出现的噪声类型为椒盐噪声，还有少量高斯噪声。对于椒盐噪声，一般采用中值滤波方法对图像进行处理，该方法首先对滤波器窗口内的图像点按灰度值进行排序，选择排序后中值作为滤波器输出，即所要处理的图像点的灰度值。为抑制图像中包含的高斯噪声，将中值滤波与均值滤波算法相结合，提出一种改进算法：对滤波窗口内图像点排序后，以中值点为中心，给每个点分配权值，离中心点越近权值越大，将每个点的灰度值与其权值相乘再求和，最后将和值作为滤波器输出赋给要计算的图像点。

亮度帧差：放电持续时间一般较短，连续的帧与帧之间会有明显的变化。而判断放电从图像上看主要是亮度的变化，与颜色无关。所以可从图像 LAB 颜色空间中分离出代表亮度 L 的通道，对该通道进行帧差。亮度帧差原理如图 5-39 所示。

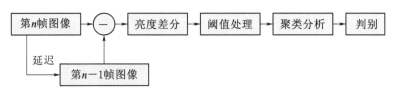

图 5-39　亮度帧差示意图

像素聚类：针对阈值处理的结果，我们可以通过聚类算法将间隔比较近的疑似点进行聚类，主要根据疑似亮点在图像上的距离来进行聚类，生成疑似放电区域。

区域提取中的移动目标检测：由于移动目标在前景图中走动时会

造成一定干扰，如工作人员的走动等，需要排除这种情况造成的误判。对于连续的视频流，可采用帧差法识别目标，然后根据目标每次在图片中出现的位置判断其移动轨迹，如果其位置特征满足一定的移动条件，那么判断为移动目标，即可排除是放电的可能。

阈值：设定阈值，对差分后的图像进行二值化处理。若图像中某像素点的像素值大于或等于阈值，则将该像素点的像素值设为 255，反之设为 0。那么值为 255 的点即为疑似点，值为 0 的点即为背景点。

放电区域识别：根据聚类分析和移动目标检测的结果情况，如果判断为移动目标，则判别为非放电；如果是非移动目标并且是疑似放电区域，结合相关阈值，可判别为放电区域。

基于上述的放电区域检测模型算法，实际结果如图 5 - 40 所示。

图 5 - 40　放电区域检测结果

5.3.11.2　固定导叶异常征兆的风险识别

1. 基本情况

某水电站位于四川省乐山市沙湾区与峨边县交界处的大渡河上。水电站装机容量 70 万 kW，保证出力 17.9 万 kW，多年平均发电量 34.18 亿 kWh。水电站自投产发电以来，到 1990 年底累计发电 523.3 亿 kWh，担负省级电力系统的调峰、调频任务，对电力系统的安全稳定运行发挥了重要作用。固定导叶是水轮发电机组重要的过流部件，引导水流进入水轮机。运行时，固定导叶承受机组重量以及水推力，当此部件产生裂纹缺陷时会严重影响机组设备运行安全。裂纹会随着机组运行进一步劣化直至断裂，撞击活动导叶及转轮，严重破坏机组结构，使机组失去稳定运行，剧烈振动，发生重大事故。

2. 风险发现阶段

2016年，该电站某号机组运行中健康度曲线骤然下降，发现异常征兆。正值汛期大发电的关键时期，若按照传统管理方法，因不明损坏程度所以需要立即停机检修。但应用了智慧检修系统的国能大渡河公司具备风险预控能力，综合考虑设备健康和发电效益，判断不必立即停机检修，并调动设备管控中心的"大计算""大分析"功能，确定设备风险管控措施为"机组健康度到达90％～80％区间，现场继续执行保护运行的策略，避开异常噪声发生的负荷区间（9.3万～11万kW）；设备健康度下降到80％以下时，立即停机处理"。本案例的健康度曲线及趋势预警结果见图5-41。

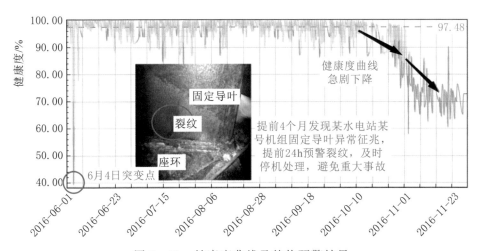

图5-41　健康度曲线及趋势预警结果

3. 科学决策、治理阶段

进入枯水期后，该机组健康度与预测吻合，下降幅度突增降至80％的低点，提前24h预警裂纹，国能大渡河公司果断停机检查，发现固定导叶存在多条裂纹，转子磁极的磁极键有断裂现象，并合理安排了检修。智慧检修有效保障了设备安全和人身安全，直接经济效益200 多万元，间接经济效益 1700 多万元。

同时，通过此次事件的成功预警和治理，建立了一种针对过流部件裂纹的典型分析、应对策略，为今后类似缺陷的防范提供了宝贵的数据积累和故障分析样本。

5.3.11.3　水电机组定子线棒故障的检修策略优化

2016 年以来在某水电站水电机组运行期间，充分利用机组局放监测系统对机组局放情况进行观察、跟踪，并对局放数据进行定期分析。根据《某机组在线局放测试报告》显示，该机组局放量自投运以来一直处于非常高的水平，已远远超过同类型机组局放量的 95%（768mV）水平线，最高接近 4500mV，需要重点关注。经过分析实验报告，检修人员提出了相应检修策略：机组局放主要来源于定子线棒槽外，判断为 B 相与 C 相之间的相间放电，局放值很高，但很稳定，无增长趋势，建议密切关注局放发展趋势，并在计划检修时进行必要的检查和处理，重点关注 B 相、C 相的相间放电痕迹，并建议辅以需要施加到额定线电压水平的离线局放试验。

依照检修策略对机组定子线棒、转子进行了整体清扫及喷漆作业，同时对定子线棒端部跨接线绝缘情况进行全面检查，发现共 7 处存在绝缘松动、软化及分层的现象，对故障部位绝缘材料进行了剔除并重新包扎处理。处理后，复测，局放量恢复正常。通过定子线棒局放智能监测预警，可以在最大限度上预防定子线棒局放恶化导致的发电机故障，降低查找及处理故障的人力物力。从该机组的成功案例来看，机组的单次检修时间至少节约了 10 天，由此带来的经济效益是 3900 万元/机组/检修周期。

目前，国能大渡河公司所辖水电站全部实施了机械故障在线监测系统，但是在定子线棒局放的技术落实上，考虑到相应传感设备的质量保证及安装要求极高，监测主机稳定性和准确性也极大影响监测结果等多种复杂因素，且业内也没有一个非常成熟且有成功应用案例的局放监测系统，故国能大渡河公司在此项目的实施上非常谨慎，力求安全、稳定、循序渐进，所以定子线棒局放监测系统的实施一直在考察酝酿中。

随着《水轮发电机组状态在线监测系统技术导则》（GB/T 28570—2012）的颁布，加之国能大渡河公司投产和在建机组已达到 49 台，涉及装机 1419.8 万 kW，综合考虑近年来大渡河流域各水电站发电机组中陆续发生的几起与定子线棒绝缘故障相关的案例，对定子线棒局放智能监测和预警的研究已经迫在眉睫。在详细了解、横向比较水电行业局放相关技术，多方论证局放技术的可行性后，本着先行先试的原则，公司管理部门于 2014 年底同意了在 2016 年预计投产的该机组上开展发电机组定子线棒局放在线监测技术试点，帮助水电站对机组定子线棒绝缘状况进行客观判断，力争为设备检修提供有效依据，并以此为基础，总结、提炼、优化相关技术细节，循序构建并完善有助于设备管理手段由预防性检修向状态检修跨步的定子线棒局放智能监测预警系统，成功实施后，最终推广到全流域，为流域开发的设备状态检修提供坚实的技术基础和物质保障。

水轮机组定子线棒局放智能监测预警系统由单台机组的局放监测装置及统一的局放监测工作站组成。单台机组局放监测装置由耦合传感器（图 5-42）、局放监测主机（图 5-43）、接线盒及专用信号电缆等组成。

图 5-42　耦合传感器安装

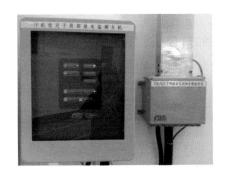
图 5-43　局放监测主机安装

　　水轮机组定子线棒局放智能监测预警系统工作站，由数据服务器、WEB 服务器、中文服务器、局放监测系统服务器、数据采集交换机、光纤转换器、正向隔离器、局放控制仪等硬件及数据采集软件、数据分析软件、中文局放监测软件和一体化应用平台等组成（图 5-44）。

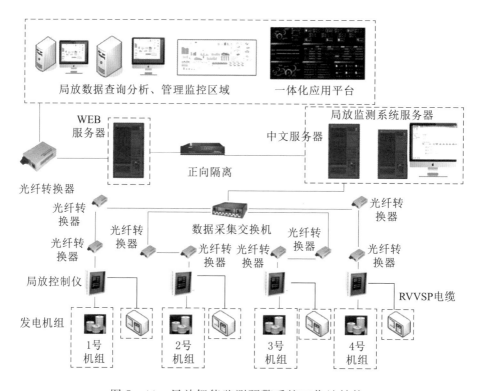

图 5-44　局放智能监测预警系统工作站结构

　　局放控制仪通过光纤转换器将采集得到的局放信号转换为光纤通信信号，并通过数据采集交换机将局放的光纤通信信号同步传输给数据服务器（中文服务器、局放监测系统服务器）。数据服务器安装有数据采集软件和数据分析软件，可对局放数据进行采集和专业分析。数据服务器将局放信息通过正向隔离装置传输给 WEB 服务器，WEB 服务器上安装有中文局放监测软件，可对机组整体的局放水平进行实时监测、显示以及趋势分析，以方便进行 WEB 查询和即时监控。

　　水轮发电机组定子线棒局放智能监测预警模块作为水电机组实时智能监测系统的子模块，从发电关键设备最关键但又最难解决的绝缘问题入手，在确保设备安全稳定的前提下，准确、智能、自动预判发电机组的定子线棒绝缘隐患，提供具有极高参考价值的状态检修建议，提高设备安全管理水平的同时，更能提高检维修效率，给企业带来巨大的经济效益。定子线棒局放智能监测预警系统界面如图5-45所示。

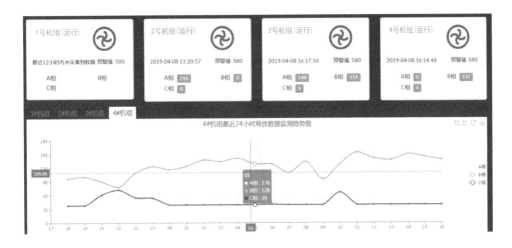

图5-45　定子线棒局放智能监测预警系统界面

　　同时，该模块是在发电机实际工作条件下，通过可靠技术手段实现对定子线棒局放的实时监测、智能分析、准确预判，系统能够自行识别绝缘故障的早期征兆，对故障部位、严重程度、发展趋势做出分析判断，提出针对性维修建议，这些功能能够极大地提高对设备状态的智能监测预警水平，有助于大渡河流域设备管理手段由预防性维修向状态检修的跨越式发展。

5.3.11.4　水电机组导轴承油槽渗水隐患的风险预警

1. 基本情况

　　某水电站位于四川省雅安市汉源县和凉山州甘洛县境内，是大渡河中游的控制性水库，是一座以发电为主，兼有防洪、拦沙等综合效益的特大型水利水电枢纽工程。电站装机总容量 3600MW，装设 6 台混流式机组，单机容量 600MW，多年平均发电量 147.9 亿 kWh。电站靠近川渝负荷中心，为电网的安全稳定发挥重要的调峰、调频作用。

导轴承一般设于油槽内部，用来约束水轮机轴线位移和防止轴的摆动。油槽内透平油对导轴承起散热、润滑、绝缘作用。对于该类型机组，油槽内渗水缺陷如不能及时发现，极易引发导轴承温度过高导致机组甩负荷停机事故，严重时会导致导轴承烧毁、转子绝缘破坏，对电网的安全、机组的稳定运行以及企业经济社会效益造成极大的损害。

2. 设备隐患预警阶段

2016 年 7 月 2 日，国能大渡河公司成功预警了该水电站某号机组上导轴承油槽油位缓慢上涨这一设备安全隐患（图 5 - 46）。

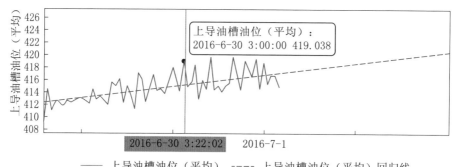

图 5 - 46　上导轴承油槽油位上升产生预警信息图

依托于公司数据中心对数据的"大存储""大计算"能力，流域设备管控中心建立了基于混流式机组导轴承状态实时数据、历史数据的时间序列预测模型。机组上导轴承状态预测模型通过分析油位在历史时期内的发展变化趋势与规律，从时间序列中找出变量变化的特征、趋势，从而实现对变量的未来变化进行有效地预测。因此在出现 1F 导轴承油槽油位缓慢上涨现象时，模型成功预警了这一异常趋势。相较于传统的高阈值报警、定期的人工数据对比分析或者变化率报警设置等方法，预测模型对于潜在故障的发现能力、及时性、准确性、灵敏性上具有明显优势。

3. 设备故障分析处理阶段

预警产生后，利用系统的多参数联合分析的"大分析"能力，综合判断了油温、瓦温、功率、摆度、含水量等多项参数对油位上涨趋势的影响，评估出油混水是导致故障的主要因素。经检查，发现了油槽内一个冷却器铜管与下端盖胀连接处密封失效导致油槽渗水。

预测模型对设备潜在故障的成功预警，保障了水电站及时发现上导冷却器渗水故障，避免了因油质乳化导致的机组甩负荷、轴承烧损等扩大性事故。多关联参数的联合分析模型，可以增加主因素估计值的准确度，是实现精准定位缺陷、节约检修时间的有效手段。该案例检验了公司设备智能管控手段，丰富了同类型设备缺陷的算法模型知识库，具有一定的借鉴意义和推广价值。

5.4　大渡河智慧检修建设的实践成效

按照国能大渡河公司智慧企业建设的总体要求，以实现"风险识别自动化、管理决策智能化、纠偏升级自主化"为目标，结合自身实际，不断探索总结、完善智慧检修建设工作。

国能大渡河公司在国内率先提出了"智慧检修"建设，以水电站设备智慧检修为中心，其他服务辅助系统多级联动，最终实现"风险识别自动化、管理决策智能化、纠偏升级自主化"的管理要求。经过六年不断的努力，主要取得了以下成果。

5.4.1　智慧检修平台初步建成

智慧检修平台是由检修公司与成都大汇物联科技有限公司共同开发的设备全生命周期管理平台。平台作为检修数据中心的载体，集成了在线监测系统、健康度评价及趋势预警系统和检修管理系统三大基础板块，并集成了其他功能，具有良好的可拓展性。

如图 5-47 所示，目前该平台已做到流域侧与电站侧数据可视化视图，包括设备台账、监测、告警、状态评价、故障诊断、风险评估、工业电站、运检策略、消缺、检修、试验等数据。该平台主要由监测中心、评价中心、诊断中心组成。

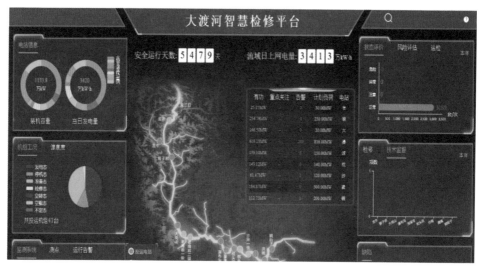

图 5-47　智慧检修平台界面

监测中心：包括告警与预警、重点关注、在线监测、工业电视、监测装置、监测阈值等管理功能。

评价中心：包括设备台账、状态评价、风险评估、运检策略、评价模型等管理功能。

诊断中心：包括故障树诊断、油色谱诊断、机组状态诊断、机组健康诊断。

5.4.2　水电机组在线监测系统全流域投运

水电机组在线监测系统依托于工业数据挖掘平台，将水电机组设备分为定子、转子、导水机构等 19 个设备单元，汇集了水轮发电机组及辅助设备重要指标量，集成了电力生产所需数据信息，具备实时数据的采集、汇聚、存储、共享、分布等功能，在线分析计算各种特征量和指标量，对机组各个部件的状态进行实时监测和故障分析、精准定位。同时，该系统还具有机组效率特性三维图分析、机组轴线分析、振动频谱分析等功能，辅助技术人员分析机组故障。

如图 5-48 所示，目前水电机组在线监测系统已在大渡河流域全部水电站部署投运。以枕头坝水电站为例，实现了 7000 余个状态监测量的数据编码和实时远程传输，确立了定子不圆度、导瓦荷载系数等影响机组运行的 46 个重要指标量，设定了阈值范围，当指标量超出阈值范围时系统将自动报警，并确定报警部位，实现对发电设备运行状态的远程集中监控及设备故障的精准定位。

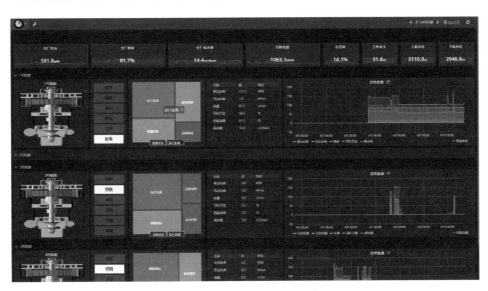

图 5-48　水电机组在线监测系统界面

5.4.3　健康度评价及趋势预警系统全流域投运

健康度评价及趋势预警系统是通过对历史工况的大数据分析、超球算法计算，实现对机组整体的健康、安全、性能等实现在线感知计算和状态预测分析，起到早期预警、预测作用。

该板块以设备历史数据为基础，创造性地应用超球建模方法，建立机组的健康模型、故障模型、最优性能模型，形成了机组健康度的基准值（Hth）。由计算机自动从设备的实时测点数据中建立设备运行的状态模型，通过超球建模，自动对工业对象合成一个健康度值（HPI）。机组健康度的基准值（Hth），实时与机组健康度曲线（HPI）分析比较，当设备状态持续劣化可自动发布设备状态潜在故障的早期预警，成功实现机组运行工况的大致趋势走向预测。

健康度评价及趋势预警系统界面如图 5 - 49 所示，目前健康度评价及趋势预警系统已在大渡河流域全部水电站部署投运。

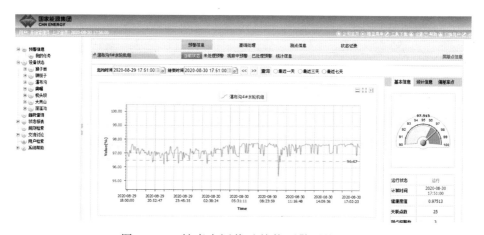

图 5 - 49　健康度评价及趋势预警系统界面

5.4.4　智慧检修管理系统日趋完善丰富

智慧检修管理板块根据故障特点，自动生成工作票、检修方案、工序卡等文件包，科学指导、管理、监督检修作业。同时，通过业主需求，整合、检修队伍管理、任务分派等，实现人工检修的效率提升。进一步实现了风险识别的自动化和检修决策的智能化，有效提升设备安全可靠性，解决水电检修季节性对人力资源的需求，有效降低检修成本。智慧检修管理系统界面如图 5 - 50 所示，该系统已全面应用于检修作业。

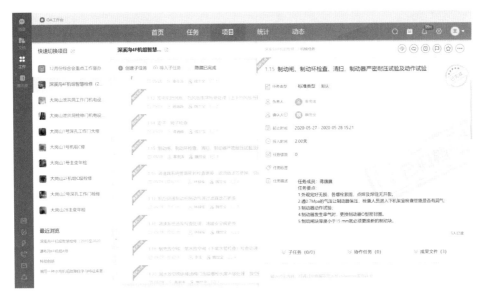

图 5-50　智慧检修管理系统界面

5.4.5　智慧检修标准化体系基本形成

国能大渡河公司在国内率先提出了"智慧检修"建设，2016 年国能大渡河公司牵头组织起草了《水电厂智慧检修建设标准》。该标准主要是对水电厂智慧检修的建设提出了总体的要求和方向，是指导水电厂智慧检修建设的规范性的文件。《水电厂智慧检修建设标准》初稿共分 9 章，分别是适用范围、相关术语定义、引用标准、总则、智慧检修管理体系、智慧检修工作流程、技术支持系统结构及功能要求、技术支持系统技术要求和附表。该标准对智慧检修建设进行了总体要求，对技术支持系统应具备的功能进行了规定。该标准在方向上进一步指导了智慧检修的建设实践。

同时，检修公司加快智慧检修标准建设步伐，牵头组织完成了《水轮发电机组智慧检修标准》编制，并分别于 2016 年 6 月 2 日、2017 年 4 月 21 日进行了两次内部审查，并于 2017 年 9 月 8 日进行了外部专家审查，得到了业内专家的肯定。该标准规定了水轮发电机组智慧检

155

修体系的构成、工作流程、技术支持系统功能及技术要求，是水电行业首个水轮发电机组智慧检修标准，对下一步智慧检修的建设实践工作起到纲要性的指导作用。

该标准涵盖智慧检修管理体系及职责、系统结构及功能、智慧检修评价标准、智慧检修工作流程等板块，详细阐述了智慧检修管理体系及职责、智慧检修建设工作流程及要求，明确了智慧检修系统结构及功能，制订了智慧检修设备实时状态诊断评价系统主要的在线监测量，包含定子、转子变压器等多部位 128 项监测数据量及常见故障。

该标准附录中对水轮机、发电机、调速器、主变压器部分共 46 项重要健康指标量进行了详细地列表说明，给出了与指标量关联的监测数据量，并对指标量影响机组健康度的权重确定给出了详细科学的功能指标重要性系数评价法，使得在对机组健康度评价的结果更加符合实际情况。

5.4.6　水电智慧检修运行管理中心初具规模

在水电机组智慧检修的基础上，国能大渡河公司建成了国内首个工业设备管理平台，形成了"互联网＋智慧检修"管理中心，实现了对工业设备管理的智能化、网络化、安全化、灵活化和专业化管控，

图 5 - 51　水电智慧检修
运行管理中心展示厅

智慧检修管理初具雏形，以物联网模式扎实推进检修管理信息化、商业化，孵化培育了成都大汇物联科技有限公司，实现了对工业设备管理平台的专业化运营。目前，完成了大渡河流域全部水电站以及系统外100 余台设备接入，并投入试点运行。水电智慧检修运行管理中心展示厅如图 5 - 51 所示。

同时，不断深化检修公司转型升级，实现企业发展壮大目标，成立了检修公司智慧企业研究发展中心，以检修公司青年创新工作室为载体，出台了青年创新工作室管理的相关制度。

5.4.7　智慧检修理论体系进一步升级

从 2017 年以来，智慧检修理论体系不断完善，成功创建了"智慧检修"百科词条，引领了设备检修行业管理理论的发展进步。随着公司智慧企业建设的不断推进，其理论体系也不断进行丰富和完善，升级了"智慧检修理论体系"，统筹指导推进智慧检修建设实践落地。

发表智慧检修相关论文 10 篇；获得 2017 中国智慧电厂创新成果一等奖，2017 第六届中国设备管理创新成果二等奖，2017 第三届中国电力设备管理创新成果一等奖；"水轮机转轮叶片裂纹故障早期预警和诊断方法及系统"获得了国家发明专利授权；《水轮发电机组智慧检修标准》外部专家审查，得到了业内专家的肯定。

大渡河流域智慧检修平台及其三大板块建成投运以来，运行状态良好，对设备管理与检修项目优化起到了一定的作用。智慧检修相关研究成果也获取得了一些荣誉（图 5-52）。

图 5-52　智慧检修相关研究成果及荣誉

2019 年 12 月，智慧检修项目"水电站设备群健康状态评估及故障智能预测关键技术"获得国家能源集团科技进步奖一等奖。

　　2020 年 6 月 21 日，中国电机工程学会组织了科学技术成果鉴定，对智慧检修项目"水电站设备群健康状态评估及故障智能预测关键技术"进行鉴定。顾国彪院士等鉴定专家一致认为："项目成果具有很强的示范效应和推广价值，有力地推动了行业科技进步"，"经济和社会效益显著"，"项目成果总体达到国际领先水平"。

第 6 章

智慧检修的未来展望

设备检修还是不检修，以什么级别检修，这都需要技术支撑，需要用数据证明。怎样获得可靠的分析结果，获得准确的决策依据，这是一个不断探索、不断进步的过程。智慧检修是一种新型检修模式，是一种关于设备检修更高层次的管理模式，技术方案更优化，安全措施更加缜密、细化、科学，是综合效益最大化的管理，更是一个全过程的管理。

智慧检修建设是科技发展的必然选择，是检修管理体制的重大变革。尽管当前该项工作还处于起步探索阶段，同时也受到了管理、技术、人员和信息平台等一些因素制约，但其发展的趋势和步伐不会停止，工作水平和实践成效亦将稳步提高。

6.1 展望

1. 智慧检修将成为生产检修管理的主线核心

在智慧检修全面实施后，随着智慧检修组织机构的完善、制度体系的健全，智慧检修的工作流程将更加顺畅。设备的运行、检修、改造等均将根据评价结果，按照智慧检修流程来实施。生产检修相关制度建设、检查考核、应急管理等，都可围绕智慧检修工作而开展。

2. 信息管理系统在智慧检修中的作用将得到更好发挥

智慧检修这种精益生产管理模式的推广，将有助于信息系统的改进和完善。同时，信息系统的完善和改进，又反过来促进智慧检修水平的提高，两者相辅相成，相互促进。未来，信息系统无论是功能的完善还是界面的友好性，都将达到较高水平，信息管理系统将成为智慧检修日常工作不可或缺的手段和平台，发挥规范流程、提高效率、便捷管理的重要作用。同时，建议进一步打破系统之间的信息壁垒，建立行业内大数据共享平台。

3. 设备状态检测手段将更加完善

伴随智慧检修的全面推进，设备状态检测手段将更加完善。现有监测与诊断技术对作为发电厂核心的设备如水轮发电机组的很多故障机理研究尚不够透彻，监测与诊断的手段不多，获取的信息也不够全面，在故障诊断的诊断率、诊断的正确率、监测诊断系统的稳定性方面还存在不少问题。需要不断创新挖掘新的监测方法，如对机组声音的监测；选择更加精确先进的传感器，并尽量选择非接触式传感器，选择合理的安装位置，降低产生次生灾害的风险。

同时，对停电、带电和在线等检修技术的研究和推广将更加重视，检修手段亦将更加全面，色谱分析、紫红外成像、超声波局放检测等新技术和设备将得到更广泛的应用。

4. 故障诊断预测技术及设备寿命评估技术将得到推动和发展

全生命周期管理与预测技术在取得实际运用成绩的同时，要想成功地运用于智慧检修工作中，还有一些问题需要解决，如设备寿命损耗积累原则的确定、寿命计算中复杂边界条件的确定、寿命损耗特性研究、剩余寿命评价等。

通过对大量设备故障和缺陷信息数据的采集、分析和研究，生产检修单位和科研院所将从中获得更多、更有效的数据，为故障诊断和预测、设备寿命评估提供依据，进而推动该项技术的发展和进步。

5. 基于资产全生命周期的智慧检修管理将得到有效推进

资产全生命周期管理是指从资产长期效益出发，全面考虑资产的规划、设计、采购、建设、运行、检修、技改、报废的全过程，在满足安全、效益、效能的前提下追求资产全生命周期成本最低的一种管理理念和方法。随着智慧检修建设的不断深入和全面推广，对技改、退役、报废设备的全面健康评估和价值评估，将是资产全生命周期管理的重要环节之一。智慧检修建设将进一步推进设备资产全生命周期管理的实现。

同时，随着智慧检修的实践探讨，水电站或流域水电公司关于检修管理流程和组织机构，也会发生与之相适应的变化，因此，检修的组织机构与流程也会进一步优化调整。

6.2　进一步思考

（1）在线监测数据挖掘中对同类型设备产品、或者相同产品的运行参数、健康指标应自动对比，形成类似"双胞胎式"的自动感应，当出现相同设备类似的问题应自动预警，同时对"家族式遗传疾病""同批次疾病"应能预警，避免同类型的故障多次发生。

（2）随着技术进步，设备（设施）管控体系建设必须是开放的，应可以与外界有关的设备管理平台有序对接，形成数据资源共享机制。

（3）水电站建设应做到实时掌握设备（设施）健康状态，在任何情况下可做到设备（设施）的安全风险完全可控，可及时处理设备（设施）引发的突发事件。

（4）设备（设施）的监测要做到有的放矢、抓住主要矛盾。

（5）不断创新挖掘新的设备（设施）监测方法，选择更加精确先进的传感器，并尽量选择非接触式传感器，选择合理的安装位置，降低产生次生灾害的风险。

（6）应突出智慧决策能力建设，设备健康状态预测完成后，当设备检修维护与经济运行产生矛盾时，应能自动进行科学的价值考量，是抢发电量还是处理隐患，能够智慧决策。

（7）检修维护应准备充分，确保万无一失，同时也更加强调安全管理。

参 考 文 献

［1］ 涂扬举. 智慧企业——框架与实践［M］. 2 版. 北京：经济日报出版社，2018.

［2］ 涂扬举. 智慧企业概论［M］. 北京：科学出版社，2019.

［3］ 涂扬举. 建设智慧企业推动管理创新［J］. 四川水力发电，2017，36（1）：148－151.

［4］ 涂扬举. 智慧文化的"大渡河样板"［J］. 经营管理者，2018（10）：32－35.

［5］ 涂扬举. 水电企业如何建设智慧企业［J］. 能源，2016（8）：96－97.

［6］ 涂扬举. 建设智慧企业，实现自动管理［J］. 清华管理评论，2016（10）：29－37.

［7］ 涂扬举. 智慧企业建设引领水电企业创新发展［J］. 企业文明，2017（1）：9－11.

［8］ 涂扬举. 数据驱动智慧企业［J］. 企业管理，2018（2）：100－103.

［9］ 涂扬举. 智慧企业关键理论问题的思考与研究［J］. 企业管理，2017（11）：107－110.

［10］ 涂扬举，何仲辉. 大型流域水电公司基于自主创新的智慧企业管理模式探索与实践［C］// 中国企业改革与发展研究会. 中国企业改革发展优秀成果 2018（第二届）：下卷. 北京：中国商务出版社，2018.

［11］ 李林，刘任改. 基于全生命周期理念的流域梯级电站机电设备智能管控体系与工程应用［J］. 中国电机工程学报，2020，40（7）：2278－2284.

［12］ 李林. 基于全生命周期的水电站智慧检修创新实践［J］. 水电站机电技术，2019，42（12）：31－34.

［13］ 李林. 大型流域水电检修企业经营管理模式探索与实践［J］. 水利发展研究，2013，2：74－77.

［14］ 李林，王亮. 水电站绿色检修策略的探索研究［J］. 水电站机电技术，

2012，43（11）：61－65.

[15] 李林. 水工金属结构设备实时在线监测系统运用及智能管控研究 [J]. 水力发电，2019，45（3）：95－99.

[16] 李林，王建华，文庆. 专业化水电检修公司的安全管理探索与实践 [J]. 水利水电技术，2013，44（9）：123－126，130.

[17] 侯远航，赵亨付，孟宪宽，等. 水电站设备精益检修体系研究 [J]. 工业工程与管理. 2013，18（3）：117－121.

[18] 侯远航，周晓东，方圆，胡夏龙. KYT&E管理体系实施的评价研究 [J]. 水利水电技术. 2013，44（9）：93－99.

[19] 侯远航，钱冰，向虹光. 铜街子水电站轴流转桨式机组受油器密封结构改进 [J]. 水电与新能源. 2010，（5）：52－53.

[20] 侯远航，向虹光. 多泥沙河流水电站水轮机增容改造的启示 [J]. 水利水电技术. 2012，43（11）：74－78.

[21] 侯远航. 龚嘴水电站机组增容改造的探索与实践 [J]. 水利水电技术. 2013，44（9）：108－110.

[22] 王勇飞，令狐克海. 基于智慧企业建设框架下的大渡河安全风险管控数据中心建设探索与实践 [J]. 水力发电，2018，44（5）：82－85.

[23] 马越. 设备故障预警系统在水电机组安全状态中的评估 [J]. 管理观察，2014，27：134－135.

[24] 彭远川. 基于智慧工程理念的水电工程智能安全管控系统研发与应用 [J]. 四川水力发电，2019，38（S2）：118－121.

[25] 张宁，邢璐，鲁刚. 我国中长期能源电力转型发展挑战 [J]. 中国电力企业管理，2018（13）：58－63.

[26] 黄学庆，潘文虎，徐涛. 我国发电技术现状及发展趋势 [J]. 安徽电力，2017，34（4）：57－60.

[27] 刘晓亭，刘昱. 水电机组状态检修的实施及关键技术 [J]. 水力发电，2004（4）：38－41，44.

[28] 何光宇，林圣耀，翟海青，等. 具有复杂水力系统的大型水电厂优化运行 [J]. 电力系统自动化，2009，33（5）：100－102，107.

[29] 施绮，朱峰. 电网设备资产的全生命周期管理 [J]. 华东电力，2006（11）：66－68.

[30] 袁勇，王飞跃. 区块链技术发展现状与展望 [J]. 自动化学报. 2016，42（4）：481－494.

[31] 陈劲，黄海霞. 智慧企业理论模式——以中国航天科工集团公司为例

[J]. 技术经济. 2017, 36 (8)：1-8.

[32] 王建华，张国钢，宋政湘，等. 物联网＋大数据＋智能电器——电力设备发展的未来 [J]. 高压电器，2018，54 (7)：1-9，19.

[33] 杨娟，纪晓军. 我国电力行业低碳环保发展研究 [J]. 企业改革与管理，2018 (22)：223-224.

[34] 刘吉臻，胡勇，曾德良，等. 智能发电厂的架构及特征 [J]. 中国电机工程学报，2017，37 (22)：6463-6470.

[35] 徐嘉龙，郭锋，朱义勇，等. 智能运检管控体系建设 [J]. 电力设备管理，2018 (2)：28-30.

[36] 吴克河，王继业，李为，等. 面向能源互联网的新一代电力系统运行模式研究 [J]. 中国电机工程学报，2019，39 (4)：966-978.

[37] 葛洲坝电厂：设备全生命周期专家会诊检修系统 [J]. 中国电力企业管理，2009 (1)：13.

[38] 王曙光. 设备全生命周期管理模式浅析 [J]. 中国设备工程，2018 (17)：30-31.

[39] 曾建鑫，郑小丽，杨冬梅，等. 基于全生命周期理论的检修优化方法研究与实践 [J]. 电气自动化，2018，40 (6)：116-118.

[40] 黄源芳. 俄罗斯萨扬-舒申斯克水电站发生特大安全事故的历史教训 [J]. 水力发电，2010，36 (8) 90-93.

[41] 沈东，等. 水轮发电机组振动故障诊断与识别 [J]. 水动力学研究与进展（A辑），2000 (1)：129-133.

[42] 肖剑. 水电机组状态评估及智能诊断方法研究 [D]. 武汉：华中科技大学，2014.

[43] 孙慧芳，等. 基于AR模型的水电机组振动信号趋势预测 [J]. 湖南农机，2014，41 (2)：62-63.

[44] 代开锋. 基于特征的水电机组状态趋势预测 [D]. 武汉：华中科技大学，2005.

[45] 李春明. 机械设备故障特性分析 [J]. 中国科技博览，2014 (7)：48.

[46] 刘娟. 国内水电机组状态监测和故障诊断技术现状 [J]. 大电机技术，2010 (2)：45-49.

[47] 孙勇. 基于数据挖掘的水电机组振动故障诊断研究 [J]. 电气时代，2017 (9)：65-70.

[48] 姜鑫. 数据挖掘技术在水电厂主设备状态检修中的应用研究 [J]. 水电与抽水蓄能，2014 (4)：29-30.

[49] 赵道利. 水电机组振动故障的信息融合诊断与仿真研究 [J]. 中国电机工程学报，2005（20）：137-142.

[50] 张飞，潘罗平. 基于人工神经网络的水轮发电机组振动预测研究 [J]. 人民长江，2011，42（13）：48-50，106.

[51] 陈立枢. 中国大数据产业发展态势及政策体系构建 [J]. 改革与战略，2015（6）：144-147.

[52] 范鹏飞，焦裕乘. 物联网业务形态研究 [J]. 中国软科学，2011（6）：57-64.

[53] 方巍. 云计算：概念、技术及应用研究综述 [J]. 南京信息工程大学学报（自然科学版），2012，4（4）：351-361.

[54] 黄楚新，等. 互联网意味着什么？对互联网的深层认识 [J]. 新闻与写作，2015（5）：5-9.

[55] 刘爱军. 物联网技术现状及应用前景展望 [J]. 物联网技术，2012，2（1）：69-73.

[56] 刘正伟，等. 云计算和云数据管理技术 [J]. 计算机研究与发展，2012，49（S1）：26-31.

[57] 刘智慧，等. 大数据技术研究综述 [J]. 浙江大学学报：工学版，2014，48（6）：957-972.

[58] 田若朝，周萍. 水电机组状态诊断预警系统在枕头坝一级水电站的应用 [J]. 水电与新能源，2018，32（2）：50-53.

[59] 周业荣，李林，郑建民，等. 瀑布沟水电站转轮裂纹原因与处理措施研究 [J]. 大电机技术，2019（4）：60-64.

[60] 杨建林. 水电站检修项目管理与智慧检修在深溪沟电站的应用探究 [J]. 水电与新能源，2018，32（12）：65-67.

[61] JORGE RIBEIRO，RUI LIMA，TIAGO ECKHARDT，et al. Robotic process automation and artificial intelligence in industry 4.0 - a literature review [J]. Procedia Computer Science，2021（181）：51-58.

[62] RABIE ASMAA H，SALEH AHMED I，ALI HESHAM A. Smart electrical grids based on loud，IoT，and big data technologies：state of the art [J]. Journal of Ambient Intelligence and Humanized Computing. 2021（10）：9449-9480.

附录　作者发表的与本书内容相关的主要论文

基于全生命周期理念的流域梯级电站机电设备智能管控体系与工程应用

李　林，刘任改

（国家能源集团大渡河流域水电开发有限公司，

四川省　成都市 610041）

摘要： 针对传统流域梯级水电开发公司在机电设备管控方面存在的不足，结合国家能源集团大渡河流域水电开发有限公司机电设备数据管控中心建设经验，开展基于全生命周期理念的流域电站机电设备智能管控体系研究。从机电设备选型采购、安装验收、运维监测、检修技改、报废，进行全过程控制。运用互联网技术，引入大数据分析方法，对各管控要素趋势性、系统性问题进行统计分析、预判预警、决策支持和综合管理，建立了由执行层、专业技术层、管理决策层 3 个层次构成的流域梯级电站设备智能管控组织体系，根据"数据集成—高效管控—智能预警—自主决策"的基本思路，搭建了机电设备智能管控系统技术支持平台，通过大数据感知，获得机电设备运行状况的数据，对设备全生命周期适时进行分析，开展设备"健康体检"活动，通过大数据挖掘分析制定相应策略，用以指导流域机电设备管控。大渡河流域机电设备管控数据中心倡导"设备全生命过程管控"的理念，构建了一整套科学完备的管控体系，全面提升了流域电站机电设备管理水平。

基于全生命周期的水电站智慧检修创新实践

李　林，侯远航，郑建民，刘任改

（国家能源集团大渡河流域水电开发有限公司，

四川　成都 610041）

摘要： 针对水电站传统检修方式存在数据挖掘简单、检修策略粗略的不足，结合国家能源集团大渡河流域水电开发有限公司智慧检修探索经验，围绕水电站主设备全生命周期监测诊断和检修策略进行研究。从设备全生命周期管理角度提出对水轮发电机组动态自适应监测、数据挖掘、健康状态评价、趋势分析、故障预警等若干关键问题，基于时间序列分解模型的趋势预测，构建数学诊断模型，提高故障特征向量的准确度，实现发电机和水轮机两大旋转主设备的实时诊断及故障预测，评价设备健康状况，结合电力市场、水情、人员、物资等信息，自动给出机组检修策略，实现水电站智慧检修。

大型流域水电检修企业经营管理模式探索与实践

李　林

（国电大渡河检修安装有限公司，四川　乐山 614900）

摘要： 随着水电的大力推进，水电检修也蓬勃发展。国电大渡河检修安装有限公司作为水电检修的一员不仅承担着大渡河流域电站检修等工作，更在改制之后实行自主经营、自负盈亏的现代公司管理模式。文章通过对检修公司的发展之路做出分析与探讨，在水电检修与经营管理等方面都提出了较为新颖的观点。

水电站绿色检修策略的探索研究

李　林，王亮

（国电大渡河检修安装有限公司，四川　乐山 614900）

摘要：从专业化检修管理的角度对绿色检修进行了分析，提出了绿色检修的重点内容、主要目标和支撑体系，并初步建立了绿色检修评价指标层次模型，探讨了绿色检修效果评价方法。

水工金属结构设备实时在线监测系统运用及智能管控研究

李　林

（国电大渡河流域水电开发有限公司，四川　成都 610000）

摘要：水利水电工程金属结构设备实时在线安全监测技术为防止金属结构设备振动、磨损、变形、缺陷扩展产生的危害，保障水电站的安全运行，提供了有效的解决方案和手段。大岗山水电站在国内首批为闸门研制、安装了实时在线监测系统，并开展闸门智能管控实施研究。通过对关键参数的实时监测，建立了完整的水工金属结构实时在线监测安全评价体系。这项研究和应用填补了国内水工金属结构实时在线监测领域的空白。

专业化水电检修公司的安全管理探索与实践

李　林，王建华，文　庆

（国电大渡河检修安装有限公司，四川　乐山 614900）

摘要：水电检修行业是高危行业，各种危险因素较多。通过分析水电检修行业的安全风险，探索出了行之有效的安全管理模式，以科学的管理确保了安全生产，对水电检修行业的安全管理有一定的借鉴作用。

水电站设备精益检修体系研究

侯远航[1]，赵亨付[2]，孟宪宽[1]，马亚轩[2]

（1. 国电大渡河检修安装有限公司，四川　乐山 614900；

2. 重庆大学机械工程学院，重庆 400030）

摘要： 针对我国水电检修企业检修业务发展的需求，将精益生产的理论和思想引入水电设备检修工作中，为我国水电设备检修企业设计出包含精益文化建设、体系文件结构、检修项目管理、检修现场管理以及安全管理的精益检修体系。通过在某检修企业的实际推行，证实了该体系的可行性和有效性。

KYT&E 管理体系实施的评价研究

侯远航，周晓东，方圆，胡夏龙

（国电大渡河检修安装有限公司，四川　乐山 614900）

摘要： 为了解 KYT&E 管理体系在大渡河检修公司的实施效果，进行了相关研究，建立了对 KYT&E 管理体系评价模型，并对评价方法、步骤进行了设定。为了能够对 KYT&E 管理体系进行全面评价，在了解企业的实际情况并充分考虑专家意见的基础上选择综合使用层次分析法（AHP）与模糊评价法，最后列出 KYT&E 管理体系实施效果的评价结果。本研究对发现管理体系中存在的问题也具有一定的参考价值。

铜街子水电站轴流转浆式机组受油器密封结构改进

侯远航　钱　冰　向虹光

（国电大渡河流域水电开发有限公司检修安装分公司

四川　乐山 614900）

摘要： 铜街子水电站轴流转浆式水轮发电机组受油器铜瓦易磨损，漏油偏大，使用寿命缩短。对其密封结构进行了改进，提高了密封性能，延长了铜瓦使用寿命，详情作了介绍。

多泥沙河流水电站水轮机增容改造的启示

侯远航，向虹光

（国电大渡河检修安装有限公司，四川　乐山 614900）

摘要：通过介绍龚嘴水电站 1#、2#、5# 水轮机增容改造方案并做对比分析，提出了多泥沙河流上水电站水轮机改造在参数选择、结构设计等方面应注意的事项，旨在为国内外电站类似问题的处理提供有益的参考。

龚嘴水电站机组增容改造的探索与实践

侯远航

（国电大渡河检修安装有限公司，四川　乐山 614900）

摘要：通过对龚嘴电站机组增容改造工程实践中存在问题和对策措施的系统介绍，总结了水电机组改造过程中的关键问题，为类似工程提供借鉴和参考。